"十四五"普通高等教育本科部委级规划教材

裙装结构与纸样设计

孙晓宇　主编

中国纺织出版社有限公司

内 容 提 要

"裙装结构与纸样设计"是针对服装设计专业初学者开设的一门应用实践课程，主要讲授半身裙的结构设计以及构成方式。该教材从基础款式谈起，由浅到深地阐述理论知识与实践操作的过程，引导服装专业的学生对裙装结构获得更深层次的理解，推动服装专业的学生及服装爱好者以扎实的基础进入服装的广阔领域。

全书共九章，前两章为理论知识，第三章以后是应用与实践部分，介绍了各种基础裙型通过服装构成方法，巧妙地衍生出具有特色和设计感的裙装造型。各章节的每一个裙型，均通过款式分析、规格设计、制图步骤与方法、最终呈现出裁剪结构片这一过程，使学生了解通过结构线条的构成，达到最后服装成果的原理，从而为专业学生及广大服装爱好者提供从款式设计到实践操作的服装结构设计的全过程。

图书在版编目（CIP）数据

裙装结构与纸样设计 / 孙晓宇主编． -- 北京：中国纺织出版社有限公司，2024．9． --（"十四五"普通高等教育本科部委级规划教材）． -- ISBN 978-7-5229-2073-3

Ⅰ．TS941.717

中国国家版本馆 CIP 数据核字第 2024EB9746 号

责任编辑：宗　静　郭　沫　　特约编辑：乐静波
责任校对：高　涵　　　　　　　责任印制：王艳丽

中国纺织出版社有限公司出版发行
地址：北京市朝阳区百子湾东里 A407 号楼　邮政编码：100124
销售电话：010—67004422　传真：010—87155801
http://www.c-textilep.com
中国纺织出版社天猫旗舰店
官方微博 http://weibo.com/2119887771
三河市宏盛印务有限公司印刷　各地新华书店经销
2024 年 9 月第 1 版第 1 次印刷
开本：787×1092　1/16　印张：12.25
字数：228 千字　定价：59.80 元

教学内容及课时安排

章（课时）	课程性质（课时）	节	课程内容
第一章 （2课时）	理论知识 （4课时）		• 裙装构成基础知识
		一	裙装结构设计课程概述
		二	裙装造型的基本因素
		三	裙装造型与分类
第二章 （2课时）			• 制图基础知识
		一	裙装结构制图基本概念与术语
		二	服装结构制图常用符号
		三	人体测量方法
第三章 （8课时）	应用与实践 （96课时）		• 裙装原型与基础裙型制图方法
		一	半身裙原型制图
		二	直身型裙
		三	窄身型裙
		四	小A型裙
第四章 （12课时）			• 直身型裙款式设计
		一	暗门襟直身裙
		二	偏搭门直身裙
		三	荷叶边直身裙
		四	垂坠边直身裙
第五章 （18课时）			• 窄身裙款式设计
		一	连腰式窄身裙
		二	牛仔装式窄身裙
		三	省位褶窄身裙
		四	斜褶窄身裙
		五	偏襟叠褶窄身裙
		六	罗马裙

续表

章（课时）	课程性质（课时）	节	课程内容
第六章 （20课时）	应用与实践 （96课时）		• A型裙款式设计
		一	大A摆裙
		二	拼片裙
		三	波浪裙
		四	圆台裙
		五	八片裙
		六	塔层裙
第七章 （16课时）			• 褶裥裙款式设计
		一	单对褶裥裙
		二	双对褶裥裙
		三	倒褶裥裙
		四	碎褶裥裙
		五	马面褶裥裙
第八章 （10课时）			• 育克裙款式设计
		一	育克碎褶裥裙
		二	育克对褶裥裙
		三	育克倒褶裥裙
		四	育克马面褶裥裙
		五	育克圆台裙
第九章 （12课时）			• 鱼尾裙款式设计
		一	喇叭裙
		二	长鱼尾裙
		三	螺旋分割裙
		四	双荷叶边裙

注 各院校可根据自身的教学特点和教学计划对课程时数进行调整。

前言

一、课程设置的背景和意义

1.课程设置背景

党的十九大以来，对我国高等教育"双一流"建设提出了新要求和新期望，围绕立德树人根本目标，确保培养具有家国情怀、全球视野、创新创业能力的高素质高质量人才，这是加快高等院校"双一流"建设的重要基础和支撑。

"科教兴国、人才强国、创新驱动"是新时代的发展战略，是高等院校服装设计专业的教育宗旨和人才培养的正确方向，办好服装教育、培养创新型应用人才、为提高人民生活品质而服务。

《裙装结构与纸样设计》一书是服装设计专业实践教学的研究成果，在教学过程中根据课程要求，改革人才培养模式，着重强调裙装结构设计基本原理、基本概念、基本方法，同时更加注重实际应用，将课程的理论科学性和实践技术性进行和谐统一。此课程的特点也正符合艺术院校所倡导的"艺术与技术结合、理论与实践结合"的教学理念，具有在服装教学链条中不可替代的承上启下的重要位置。

2.课程设置意义

服装是最贴近人民生活的设计产品，它需要艺术与技术的合璧支撑。服装设计专业的学生基本是艺术类考生，所欠缺的正是对服装技术的实践能力，因此培养学生对服装结构的深入学习是服装入门的基础和重点，服装结构设计是服装造型的关键步骤。

裙装作为女性衣橱中不可或缺的经典元素，其魅力不仅在于流动的线条与优雅的形态，更在于其背后科学的结构设计与精细的纸样裁剪。笔者在三十几年的服装实践及教学过程中，深刻认识到理解与掌握裙装结构设计，可以很好地促进学生们提升和把握服装整体造型意识的能力。在本教材的引领下，深入探讨裙装结构与纸样设计的过程，我们首先要领略基础裙型的奥秘与变化，之后，我们再继续前行，探索更多关于裙装款式设计的精妙之处，促进学生们萌发出更多的巧思妙想。

二、课程重点与难点

本课程是服装教学系统中基础实践型课程，重点训练学生的实际制图能力和动手操作能力，同时这也是本教材中要解决的难点问题。

1.制图内容

随着章节的推进，从直身型裙的简约大方，到A型裙的活泼可爱，每一种裙型都承载着不同的风格与情感。而褶裥裙的层次之美、育克裙的创意融合，以及鱼尾裙的浪漫飘逸，更是将裙装的魅力推向了极致。这些章节不仅教会我们如何绘制纸样，更重要的是，它们激发了我们对美的追求与创造的欲望。

教学过程中详尽阐述和重点介绍了六大类三十五款裙型的结构制图，针对学生在学习过程中所遇到的实际问题，以及结构设计过程中应该注意的人体围度的放量，讲解裙装结构的绘制方法。

本教材中所有结构制图都是以分步骤图解的方式讲述，并配以同步文字说明，直观明了。其目的就在于为服装专业的学生和服装爱好者提供一些参考，为提升服装专业实践课程的教学效果起到一定的促进作用。

2. 造型思维方法

坚持引导学生在造型过程中，以立体思维做先导，平面制板与立体造型结合的纸样设计方法。本教材中所有实例款式的结构设计制图，全部采取立体思维与平面思维并用，再由平面结构制图设计转化为立体的服装形态，通过这样一个抽象与具象互动的思维过程，塑造出裙装的空间造型，这是此课程重要的学生培养教学任务。教材中的结构设计方法就是基于此教学任务所撰写，其中总结了不同的款型裙装在各种廓型下结构线的不同变化和走势。在学生形成结构设计构思的过程中，起到指导和启迪的作用。

三、课程主要特色和创新点

1. 运用领先的制图造型手段及多媒体 + 的授课形式

教材主体采用多媒体教学结合服装 CAD 来表现教学的过程，从构思到制图过程再到完成后的总体效果，每一步都做到了图面展现效果清晰、美观、准确，是以往手绘结构图所不能比拟的。

做好的制图既可以打印出纸质材料，又可以用电子文件的形式保存，灵活多变，易于储存。在课堂授课期间，运用多媒体教学的便利条件，链接服装 CAD 软件进行操作，无论在课堂的任何角落，学生都可以清晰明确地领略教学内容，给课堂授课提供了非常有效的质量保证。

在课后可以把制图的电子文件随时传到学生微信群和建立的线上课堂中，有利于学生的课下复习和参考借鉴。运用"互联网 +"随时与学生进行学习辅导与交流，有问必答，保护了学生的学习积极性。

2. 结构制图的分步细化表现是本教材的特点

在本教材中，每一款裙子结构制图的每一个制图部位都做了分步骤介绍，非常利于初学者学习，对学生们在服装设计核心技术上的短板，是一个很好的学习辅导。以往服装设计专业学生在服装效果图的表现上比较得心应手，但是到了要把设计实现为成衣的时候，就变得很困难，显得无从下手，不知所措。

在本教材制图讲解中，可以解决这个令学生困惑的难题。其中，将结构制板前要做的准备工作以及从第一步骤直到最后完成的过程，都力争标注描绘清楚明确，学生跟随步骤中所指示的方法，便可以理顺思维，在后面的结构制板二次创作的过程中，避免了思路不清晰、技术匮乏等问题。这种分步骤的细化，是以往服装技术图书中较少出现的方式方法，非常利于读者的学习理解、参考借鉴。

四、关于单元训练说明

本教材中注重课题训练的教学研究和实训作业的设计，在各章的首页部分统一安排了单元训练与作业的要求，这样可以让学生带着所要解决的课题来听课，抓住每个章节的主要内容、细节要领、重点难点，通过理论概念和实际操作的密切结合，及时消化学习的内容。

做好平时课堂训练以外，随着制图讲解完成后，要求完成结课大作业——设计制作一件到两件裙装成品，并记录从创作到出成品裙装的过程图片，制作出作品集一份，成衣与作品集同时作为学生完成学习内容的课程评价依据。这对学生更大限度掌握课程学习内容可以起到很好的促进作用。

五、结语

为确保图例结构线的准确性以及服装放量数据的科学性，作者多年来历经数次检查修正，可谓十年磨一剑，力争为高等院校服装教学体系更加完善添砖加瓦，尽绵薄之力。本教材中线描效果图，由我的研究生蔡天一同学完成。同时在撰写过程中得到了领导和同事们的大力支持，在研究过程中遇到困难的时候大家给予了很多的帮助与配合。由于需要更全面、更准确地把更多的信息介绍给读者，在注重本书制图质量、详细介绍结构设计过程的同时还参考了相关学者的研究论著，在此谨向这些作者以及给予本研究课题支持的人士们表示衷心感谢。

由于本人能力有限，虽经数年多次实践检查修正仍会存在一些问题，书中错误和不足之处在所难免，恳请各专业人士与广大读者批评指正。

孙晓宇

2024 年 3 月

目录

理论知识——

裙装构成基础知识

课题名称：裙装构成基础知识

课题内容：1.裙装结构设计课程概述

2.裙装造型的基本因素

3.裙装造型与分类

上课时数：2课时

教学目的：使学生掌握裙装构成以及结构制图的基础知识

教学方式：运用PPT、手绘效果图、多媒体辅助教学

教学要求：1.掌握裙装的结构分类。

2.掌握裙装构成的基础知识。

课前（后）准备：

1.教师准备裙装基础相关知识构架。

2.学生掌握裙装造型基本因素与常规造型分类。

第一章 裙装构成基础知识

第一节 裙装结构设计课程概述

一、裙装的概念

裙装是现代女性着装系统中重要的服装品类之一。裙，是一种围裹在人体腰围线以下的服装，无裆缝。裙在古代被称为下裳，是从平民百姓到达官显贵、男女老少的必备服饰。现在则专指女性穿着的服装，一般穿裙装不受年龄的限制，不同年龄的女性都可以穿着，但远在欧洲西部的苏格兰仍然保留着男性穿苏格兰短褶裙的民族服饰文化。古今中外，裙装的穿着经久不衰，其魅力不言而喻。

裙装包覆腰以下部位，形式多样，是妇女服装中最古老的、至今保持原始形态的服饰之一。18世纪末，随着社会的发展，生活方式的改变，裙子作为独立的款式而与上衣分离开，单件裙子成为独立服装，并有着丰富的款式变化。在工作场所、在家庭、在晚会上，裙子成为广泛穿用的衣物。随着时代的发展，又出现了与上身服装相连的连身裙，这就更加丰富了裙装的款式。

二、裙装结构设计课程内容

（一）重点内容

现阶段裙装结构设计课程内容，将重点介绍半身裙的相关知识、款式变化及结构制图的构成方法，引领学生们从裙装——"半身裙"开始，由浅入深进入服装世界的广阔领域里。

半身裙（Skirt）是指所有穿着在人体下半身的单独的裙装样式，包括长裙、短裙、铅笔裙、A字裙等。半身裙装让人们脑海第一瞬间闪现的就是OL（Office Lady，办公室女士）套装的窄裙，它是女性的职场服饰中不可或缺的必备经典款。半身裙有多变和百搭的特点，同一款半身裙，选择不一样的衣衫进行搭配，就能穿出不一样的风情；同样，同一款衬衫或T恤，搭配不同的半身裙，也可以尽显百媚千娇的风采。半身裙不仅能满足职场中知性优雅的装扮，还能满足女性聚会时呈现的甜美可爱的装扮，展现属于自己的着装精彩。

（二）重要知识点

1. 裙装原型的绘制方法

裙装原型是半身裙的基础裙型，可以作为裙装结构制图的原理与依据。裙装原型是通过量取人体腰围、臀围、裙长等尺寸，以及人体与成品的最小放松量，绘制出裙装基础结构图型。

2. 运用裙装原型进行半身裙结构制图

借助裙装原型这个基础裙型，进行半身裙结构设计制图。适合运用裙原型进行结构制图的裙型包括：直身裙型、窄身裙型、A裙型等，这些裙型可以通过裙原型制图方法，进行相关的造型和轮廓设计。

3. 无须借助原型的裙装制图方法

半身裙的平面结构制图分为两种，第一种是运用裙原型方法，进行结构制图；第二种是无须借助裙原型，直接通过腰围尺寸或臀围尺寸，就可设计结构与廓型的制图方法，这种方法适合裙装腰围以下部分与身体有较大空间量的半身裙款式。

三、课程性质

裙装结构与纸样设计是针对服装设计及相关技术知识的初学者开设的一门服装实践课程。主要讲授半身裙的相关知识和构成方式。课程将从基础款开始讲解，逐步引导学生对裙装结构进入更深层次的理解与学习。

服装设计造型学是由款式设计、结构设计、工艺设计三部分组成。服装结构设计是高等院校服装专业的主干课程之一，是研究服装立体形态与平面构成之间的对应关系。结构设计作为服装设计重要组成部分，既是款式设计的延伸和发展，又是工艺设计的准备和基础。

裙装是服装系统里的重要品类，其结构与外形的特点适合各年龄段的女性穿着，具有构成相对简单、初学者易于掌握的优势。所以，选择裙装结构设计作为刚刚步入服装领域的大学一年级服装专业学生的实践课程，可以起到事半功倍的效果。由于此课程具备相对易于学习的特点，也可成为艺术院校非服装专业大学生的选修课程。

四、课程目的与任务

（一）课程目的

通过理论教学和实践操作的基本训练，使学生能够系统地掌握裙装的相关知识、构成原理以及裙装结构与人体各部位的适合尺寸关系，能够掌握裙装结构设计方法和具体制图操作程序。这个过程包括：

1. 理解人体部位与裙装结构的曲面关系

掌握裙装适合人体曲面的各种结构处理形式、相关结构线的吻合以及整体结构的平衡、裙装细节部位与整体之间形态和数量的合理配合关系。掌握裙装造型的形成要通过结构处理和工艺处理的有效配合的具体方法。

2. 掌握运用裙装原型进行结构设计的原理与方法

引导学生用立体思维的方法，理解和掌握平面制图的构成原理，熟悉裙装原型制作以及运用的方式方法，灵活地运用原型的辅助功能，设计拓展出相关的裙型。要清楚裙装款式千变万化，但结构设计原理才是核心，理解了裙装结构与人体曲面的适应关系，就是设计的核心，掌握了核心原理，就掌握了裙装的结构设计的无限性。

3. 了解纸样的定义、作用及制作方法

掌握女装基础纸样的结构构成方法，应用基础纸样，根据衣身平衡设计原理进行裙装各部位的结构设计。

4. 培养综合分析能力

培养学生具有综合分析服装效果图所表达的服装的构成、部件与整体的结构关系、各部位比例关系以及具体部位规格尺寸的能力，使其具备从立体转化为平面、再由平面构建出立体的服装的能力，从款式造型到纸样结构转换的能力。培养学生能够根据不同体型差异和不同造型风格进行服装结构设计的能力，以及从结构设计图到工业纸样的设计能力。

（二）课程任务

1. 熟练运用服装原型进行制板

指导学生通过反复实践，掌握以原型制图方法为主线，分析原型的构成原理、变化运用，解析服装造型的构成元素以及各元素的构成原因，从立体思维分析方法入手，基于人体体形进行款式造型的平面结构设计方法。

2. 制订裙装结构设计制图的基本流程

裙装结构设计的基本流程为：

（1）确定裙装款式，进行款式分析。

（2）进行裙装规格设计，确定细部尺寸。

（3）绘制相关尺寸的裙原型（或者基础纸样）。

（4）进行裙装结构设计、纸样绘图。

（5）根据纸样对坯布样裙进行补正、纸样修正。

（6）根据修正的纸样对面料试样进行补正、纸样修正。

（7）裙造型的确认、裙纸样的确定。

（8）根据系列规格进行裙纸样推档（单款定制可忽略）。

五、教学方法

（一）理论学习与实践操作相结合

（1）服装设计专业教学与其他传统学科的教学存在共性。在教学中，服装造型专业理论的学习是十分重要的环节，因为只要先把理论知识掌握扎实，才能读懂款式设计图、理解服装造型结构设计的原理，掌握如何通过内结构线的变化，控制轮廓造型的走势。

（2）除了注重学生对理论知识掌握的情况外，还要注重学生的创新思维和实践操作能力的培养。在实验教学中，教师根据教学内容与目标，指导学生进行自主操作能力的培养，使学生在实践操作中发现问题、分析问题并解决问题，锻炼和培养学生制板和工艺操作继而生产出成品的能力。

（3）由于服装具有流行趋势变化快速的特点，服装设计教学的内容必须与当前服装流行趋势紧密关联，才能体现其价值。因此在保证自身理论教学基础素养的培训上，应注意对新的服装流行元素、制作工艺、服装材料和服装机械等密切跟踪，并根据流行信息及时更新教学内容，保证教学内容的新颖性和及时性。

（二）教师示范操作

教学目标和教学要求的达成需要经验丰富的教师亲自示范操作教学，这样可使学生更直观地看清实践操作的过程。教师的示范操作的过程也是为学生传道解惑最佳的方式方法，促使学生尽快掌握服装造型过程中的结构设计与工艺设计的精髓所在，从而将其应用到服装造型的过程中，直到制作出成衣作品。

第二节　裙装造型的基本因素

裙装的基本形状比较简单，它是在人体直立姿态下，围裹人体腰部、腹部、臀部、下肢一周所形成的筒状廓型。在设计裙子时，必须考虑穿着者行走、跑步、蹲起、坐立、上下楼梯等动作，使其不受阻碍。因此，裙子的结构设计必须考虑以下几个部位：裙长、腰围、臀围、摆围等，而且在围度设计时还应考虑相应的宽松量。

一、裙长

裙长是构成裙子基本形状的长度因素。裙长一般起自腰围线，终点则没有绝对标准，由此可见，裙长属于"变化因素"，也是裙子分类的主要依据之一。裙子的长度是最能表现出裙子造型的要素之一，在设定裙长时可以根据其所要表达的造型特点来确定裙子的长度。

在现代裙装长度中，常见的有超短裙、膝盖关节以上的短裙、正常裙长、中裙长、长裙、拖地裙等。

二、腰围

在裙子的三个围度中，腰围是最小的围度，而且变化量也很小，属"稳定因素"。我们所测量的腰围尺寸，是人体直立状态自然呼吸的净尺寸。腰围尺寸变化：直立正常姿势时，$45°$ ～ $90°$ 前屈，腰围增加 1.1 ～ 1.8cm；坐在椅子上时，从正坐到 $90°$ 前屈，腰围增加 1.5 ～ 2.7cm；席地而坐时，从正坐到前屈 $90°$ ，腰围增加 1.6 ～ 2.9cm。

从生理学角度讲，人腰围在受到缩短 2cm 左右的压力时，均可进行正常活动而对身体没影响。而且半身裙的腰围放松量过大会影响美观，因此裙装的腰围松量一般不超过 2cm。

三、臀围

臀部的宽松量设计，是随着裙子的造型而定的。我们所测量的臀围尺寸，是人体直立时臀部的水平围度，是人体净尺寸。当人坐、蹲时，皮肤随动作发生横向变形使围度尺寸增加。通过测试证明，当人坐在椅子上时，臀围平均增加 2.5cm 左右；当蹲或盘腿坐时，臀围平均增加 4cm，所以臀围的放松量最低设计为 4cm。同时由于款式造的变化，还需要加入一定的调节量，因此臀围属"变化因素"。

四、摆围

裙摆的设计体现了裙子应具备的功能性，裙子的摆围大小直接影响穿着者的各种动作及活动。实验证明，最小摆围设计为：以臀围线为基数，在臀围线以下，裙长每增加 10cm，每 1/4 片的侧缝处下摆要扩展 1 ～ 1.5cm。如果摆围小于最小值，则需设计增加褶裥或开衩，且褶裥和开口的止点高于膝关节，以补充其运动量的不足。

摆围是裙子构成中最活跃的围度，属"变化因素"。一般来说，裙摆围越大越便于下肢活动，裙摆围越小越限制两条腿动作的幅度。但是，这也不能得出裙摆越大就越方便的结论。裙摆的大小应根据款式的造型、穿着场合及不同的活动方式而做出不同的设计。裙摆的变化也是裙子分类的主要依据之一。

第三节 裙装造型与分类

半身裙的分类方法比较多，可以依据长度、廓型、裙腰位置、褶皱的不同等进行分类，当然也可以根据材质、用途等来进行分类。那么以裙子的长度进行分类比较简单明了，由廓型进行分类更便于设计思维的拓展。

一、裙装的廓型

半身裙的廓型可以分为很多类，如 DIOR（迪奥）就有很多廓型的设计，其中最为经典的新风貌（NEW LOOK）廓型就是 A 型。20 世纪 50 年代，迪奥的创新层出不穷，O 型、A 型、Y 型、H 型、郁金香型、箭型等，这些接二连三的独创，使他始终走在服饰潮流的最前列。

（一）裙装基本廓型

裙装的基本廓型有直身型、窄身型、A 型裙、喇叭型。

1. 直身裙（紧身裙）

直身裙的臀围松量为 4 ~ 6cm，从腰部至臀部很合体，从臀围至下摆为直线轮廓，是裙装中最基本的款式（图 1-1）。

2. 窄身裙（裹身裙）

窄身裙的臀围松量为 4 ~ 6cm，从腰部至臀部很合体，下摆围度根据裙子长度不同，在底边处会将侧缝收进适合的尺寸，而在后中缝或侧缝留有开衩，以便于下肢的活动。此款裙子廓型更为贴服与人体，因此更显现女性的体态特征（图 1-2）。

图1-1　　　　　　　　　图1-2

3. A 型裙（梯形裙）

A 型裙臀围松量为 6 ~ 12cm，从腰部至臀部较合体，从臀围至下摆处微扩展，形成 A 字轮廓造型（图 1-3）。

4. 波浪裙（喇叭裙）

波浪裙臀围松量大于 12 cm，仅在腰部为合体尺寸，臀部很宽松，下摆呈圆弧形（图 1-4）。

图1-3   图1-4

（二）裙装造型变化方式

在裙装基本造型基础上，加入裙装结构造型方法，二者相结合可形成多种多样的裙装变化款式，如图 1-5 所示。

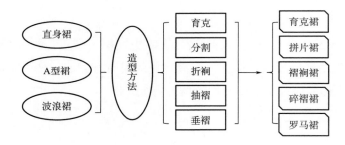

图1-5

1. 直身裙造型变化（图 1-6）

图1-6

2. A型裙造型变化（图 1-7）

图1-7

3. 窄身裙造型变化（图 1-8）

窄身裙　　　牛仔装式窄身裙　　　垂褶裙　　　偏襟叠褶裙　　　高连腰式窄身裙

图1-8

4. 波浪裙造型变化（图 1-9）

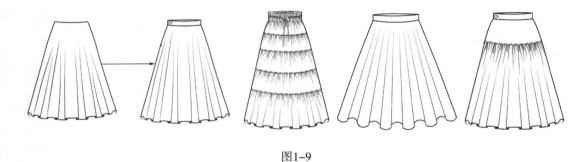

图1-9

5. 折褶裙造型变化（图 1-10）

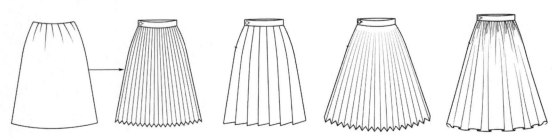

图1-10

6. 鱼尾裙造型变化（图1-11）

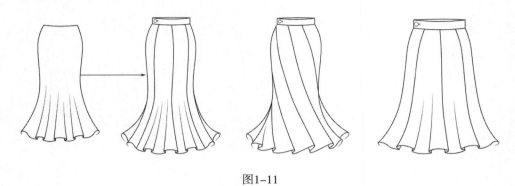

图1-11

7. 钻石裙造型变化（图1-12）

图1-12

二、裙装的分类

（一）依据廓型分类

半身裙按照裙摆廓型可以分为：直身裙、窄身裙、A型裙、波浪裙、半圆台裙和全圆台裙等，如图1-13、图1-14所示。

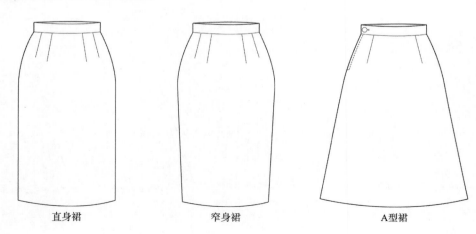

直身裙 　　　　　　窄身裙 　　　　　　A型裙

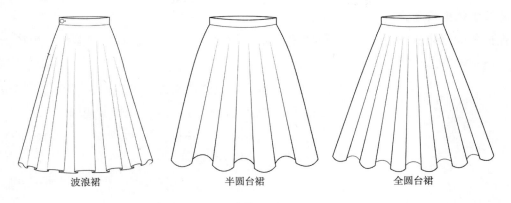

波浪裙　　　　　　　半圆台裙　　　　　　　全圆台裙

图1-13

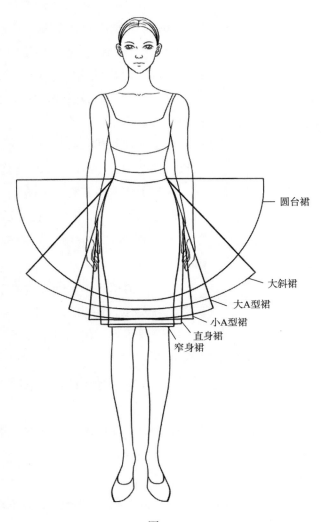

圆台裙

大斜裙

大A型裙

小A型裙
直身裙
窄身裙

图1-14

（二）依据长度分类

根据不同裙装长度，确定裙子的名称，如超短裙、短裙、及膝裙、过膝裙、中长裙、长裙、拖地长裙等，如图 1-15 所示。

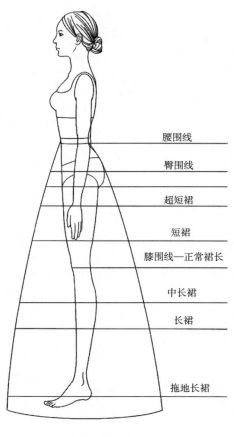

图1-15

（1）超短裙：长度至臀沟，腿部几乎完全外裸，约为腰部至脚踝 1/5+4 的距离为超短裙。

（2）短裙：长度至大腿中部，约为腰部至脚踝 1/4+4 的距离为短裙。

（3）及膝裙：长度至膝关节上端，约为腰部至脚踝 3/10+4 的距离为及膝裙。

（4）过膝裙：长度至膝关节下端，约为腰部至脚踝 3/10+12 的距离为过膝裙。

（5）中长裙：长度至小腿中部，约为腰部至脚踝 2/5+6 的距离为中长裙。

（6）长裙：长度至脚踝骨，约为腰部至脚踝 4/5 的距离为长裙。

（7）拖地长裙：长度至地面，可以根据需要确定裙长，长度大于 4/5+8 的距离为拖地长裙。

（三）依据褶皱类型分类

裙褶有自然褶和规律褶两大类，细分则有：碎褶裙、倒褶裙、对褶裙、塔克褶裙、伞裥裙等，如图 1-16 所示。

（1）碎褶裙：以裙腰头为聚褶起始处，腰带一周自然地有大有小地抽褶，下摆中等程度地展开。

（2）波褶裙：裙身自上而下，摆呈斜线状，较大幅度地展开，且在下摆处形成波浪形的流畅线条。

（3）规律褶裙：有规律地自腰至下摆打褶，褶线刚硬明朗，裙的间隔也较大，与其他褶子的线条完全不同。

（4）塔克褶裙：在腰臀之间打褶，并车缝固定，形成圆顺的褶线，褶状有规律，构成流畅的下摆形状。

（四）依据裙腰头位置分类

根据腰位的不同而分类：高腰裙、低腰裙、无腰裙、装腰裙、连腰裙、连衣裙等，如图 1-17 所示。

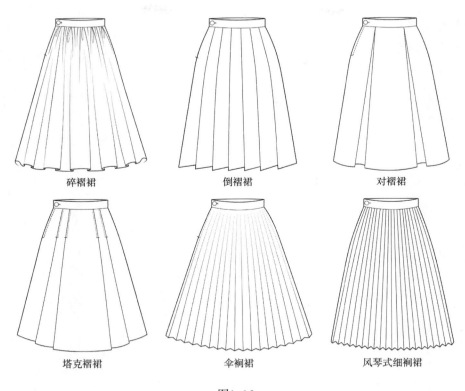

碎褶裙   倒褶裙   对褶裙

塔克褶裙   伞裥裙   风琴式细裥裙

图1-16

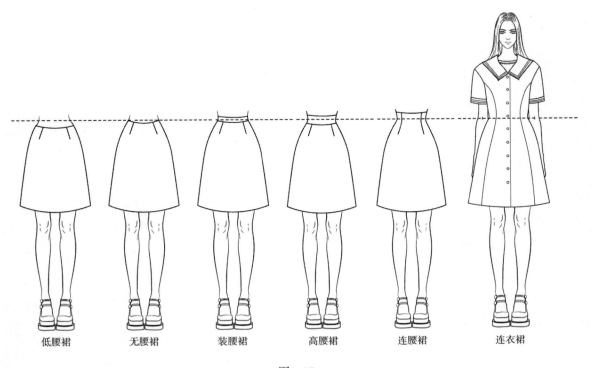

低腰裙   无腰裙   装腰裙   高腰裙   连腰裙   连衣裙

图1-17

思考与练习

1. 影响裙子造型的因素有哪些？

2. 裙装分类方法有哪些？

理论知识——

制图基础知识

课程名称：制图基础知识

课程内容：1.裙装结构制图基本概念与术语

　　　　　　2.服装结构制图常用符号

　　　　　　3.人体测量方法

上课时数：2课时

教学目的：使学生掌握裙装构成以及结构制图的基础知识

教学方式：运用PPT

教学要求：1.掌握制图的基本概念与术语。

　　　　　　2.掌握结构制图代号、符号。

课前（后）准备：

　　　　　　1.教师准备制图用具使学生直观明确课程内容。

　　　　　　2.学生了解测量人体部位手法。

第二章 制图基础知识

第一节 裙装结构制图基本概念与术语

一、基本概念

（一）裙装结构

裙装各部件和各层材料的几何形状以及相互结合的关系，包括裙装各部位外部轮廓线之间的组合关系，部位内部的结构线以及各层服装材料之间的组合关系。

（二）结构制图

结构制图也称"裁剪制图"，是对服装结构通过分析计算在纸张或布料上绘制出服装结构线的过程。

（三）结构平面构成

结构平面构成也称"平面裁剪"，是最常用的结构构成方法，是分析设计图所表现的服装造型结构组成的数量、形态吻合关系等。通过结构制图和某些直观的实验方法，将整体结构分解成基本部件的设计过程。

（四）结构立体构成

结构立体构成也称"立体裁剪"，能形象地表现服装与人体对应关系，常用于款式复杂或悬垂性强的面料的服装结构。将布料覆盖在人体或人体模型上剪切，直接将整体结构分解成基本部件的设计过程。

（五）结构制图线条

（1）基础线：结构制图过程中使用的纵向和横向的基础线条。裙装常用的横向基础线有基准线、裙长线、腰围线、臀围线等；纵向基础线有前后中心线、侧缝线等。

（2）轮廓线：构成服装部件或成型服装的外部造型的线条。如半身裙轮廓线、连衣裙轮廓线、底边线、烫迹线线条。

（3）结构线：能引起服装造型变化的服装部件外部和内部缝合线的总称。如省道、褶裥线、腰缝线、止口线、领弧线、袖窿线、袖山弧线、底边线等。

二、裙装腰省设计的基本原理

在设计合体型裙子时，为了解决腰腹差及腰臀差，合理地设计省道是重要的内容。省道的设计主要包括省道的位置、大小、方向、形状及长短。设计时应根据具体设计要求，综合考虑这些要素：

（一）裙省的位置、方向及长度设计

由于人体的体型特征，臀凸点低于腹凸点，且形态比较缓和，不像胸凸和肩胛凸那样明显，其长度在中腰线和臀围线之间。作用于腹凸点的省道其长度在中腰线附近，一般情况下靠近前片中心线的省略微长点为 10 ~ 12cm，靠近侧缝的省长 9 ~ 11cm，靠近中心的省略宽于靠近侧缝省；作用于臀凸的省道，其长度在中腰线与臀围线之间，一般情况下为 12 ~ 14cm，省宽也是靠近中心的省宽略大于靠近侧缝省的。

（二）裙省的省量大小、数量设计

裙省的大小——每个省一般控制在 1.5 ~ 3.5cm。省量过小，起不到收省的效果；省宽过大会使省尖过于尖凸，即使加以熨烫处理，也难以消失。另外，从工艺上讲，省量越大，则省长越长；省量越小，则省长越短。

（三）裙省的形状设计

在设计合体型裙子时，由于人体形态的不同，省的形状也随之变化。裙省的形状主要有直省、凹形省和凸形省。在人体腹部，由于腹部外凸，臀围处凸起，应采用凹凸省更为合理。一般情况下，由于变化非常微小，故忽略不计。对于较丰满体型，在设计合体型裙子时，应尽可能地进行省道的形状处理。

（四）裙省与造型设计的规律

设计合体的裙款，其省道处理为：省道个数多，分量大，长度长，距凸点近；省道应为适应于人体的曲线造型，反之造型宽松，省道消失。

三、裙装的制图与部件术语

（一）结构制图基础术语（图2-1）

包括腰围基础线、臀围基础线、底边线、前中心线、后中心线、侧缝基础线、裙前片、裙后片、侧缝线、腰省、开衩、腰头。

（二）裙子部件术语

（1）裥：为适合体型和造型需要，将部分衣料折叠熨烫而成，由裥面和裥底组成。

（2）褶：为符合体型和造型需要，将部分衣料缝缩而形成的褶皱。

（3）腰省：省底作在腰部的省道，常作成锥形或钉子形，使服装卡腰，呈现人体曲线美。

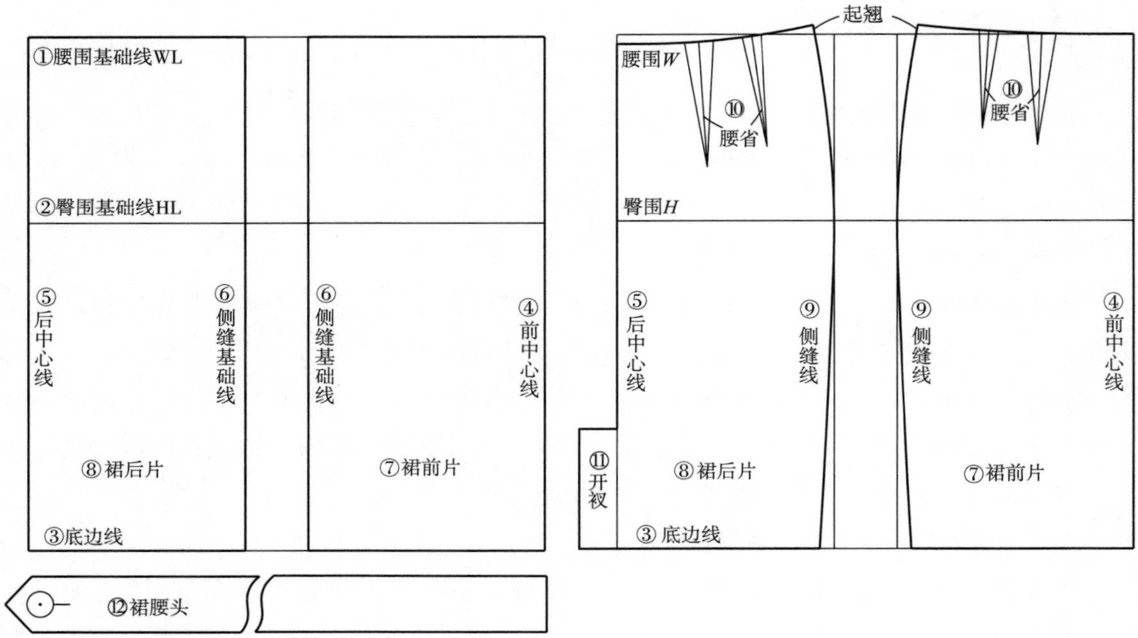

图2-1

（4）分割线：为符合体型和造型需要，将裙身、衣身、袖身、裤身等部位进行分割而形成的缝子。如裙装省道处的缝合线、刀背缝、公主缝。

（5）衩：为服装的穿脱行走方便及造型需要而设置的开口形式。如裙子两侧开衩、裙后开衩、背衩、袖衩等。

（6）塔克：将衣料折成连口后缉成细缝，起装饰作用，取自英语 tuck 的译音。

第二节　服装结构制图常用符号

表 2-1 为服装结构制图常用符号表。

表2-1　服装结构制图常用符号表

编号	符号图例	符号名称	备注说明
1	 ———————————	细实线	用作纸样设计制图过程中或纸样上的结构基础线、辅助线以及尺寸标注线
2	 ———————————	粗实线	表示纸样完成后的外轮廓结构线以及内部结构线

续表

编号	符号图例	符号名称	备注说明
3	------	虚线	用作制图辅助线,以及纸样完成后的缝纫针迹位置线
4	—·—·—·—	点画线	表示衣片翻折位置
5	⌒⌒⌒	等分符号	表示按一定长度分成等份
6	○△▱⊘⊙●	等量标记	表示线段长度,以及同符号的线段长度等长
7	←→ ↕	丝缕线标记	表示衣片的丝缕方向,衣片排料裁剪时丝缕线标记与经向不变或丝缕平行
8	✕	斜丝缕标记	表示衣片为斜丝缕排料裁剪
9		拔开标记	表示衣片该部位拔开
10		归拢标记	表示衣片该部位归缩
11		归拢标记	表示衣片该部位归缩
12	∿∿∿	缝缩标记、抽褶符号	表示衣片该部位归缩或者抽碎褶
13		衣裥符号	表示该部位折叠衣裥缝制
14		直角符号	表示两边呈直角相交

编号	符号图例	符号名称	备注说明
15		重叠标记	表示呈重叠状态的两衣片
16		等长标记	表示对应的两条衣边相等
17		省道合并符号	表示省道的两边合并
18		衣片相连符号	表示衣片的相连裁剪
19		纽眼标记	表示纽眼的位置和大小
20		纽扣标记	表示纽扣的位置和大小
21	剪 开	开剪符号	表示该结构线需要剪开

第三节　人体测量方法

一、服装制图需要在人体测量的部位

图 2-2 中人体各部位说明如下：

（1）身高：背面量头顶到脚后跟地面的高度。

（2）颈根围：通过 BNP、SNP、FNP 的颈根一周的围度。

（3）胸围：通过 BP 水平一周的围度。

（4）下胸围：通过乳房下缘水平一周的围度。

（5）腰围：腰部最细处水平一周的围度。

（6）腹围：腹部最丰满处水平一周的围度。

（7）臀围：臀部最丰满处水平一周的围度。

（8）肩宽：背面量取从左 SP 自然通过 BNP 到右 SP 的长度。

（9）前胸宽：正面量取从左前腋点自然水平到右前腋点的长度。

（10）后背宽：背面量取从左后腋点自然水平到右后腋点的长度。

（11）乳间距：左右 BP 点的间距。

（12）背长：背面量取从 BNP 自然到腰围线（WL）的长度。

（13）后腰节长：背面量取从 SNP 自然经过肩胛骨部位到 WL 的长度。

（14）前腰节长：正面量取从 SNP 自然经过胸乳部到 WL 的长度。

（15）胸高：正面量取从 SNP 自然到 BP 的长度。

（16）手臂长：侧面量取从 SP 自然经过肘部到手腕的长度。

（17）肘长：侧面量取从 SP 自然到肘部的长度。

（18）手臂围：手臂最丰满处水平一周的围度。

（19）腿长：侧面量取 WL 到脚踝骨点的高度。

（20）膝长：侧面量取 WL 到膝盖中部的高度。

（21）上裆长：正面量取 WL 到大腿根部的高度。

（22）上裆围：从 WL 前中心点自然通过裆部到 WL 后中心点的长度。

（23）大腿围：大腿处最丰满一周的围度。

（24）小腿围：小腿处最丰满一周的围度。

（25）腕围：手腕处围量一周的围度。

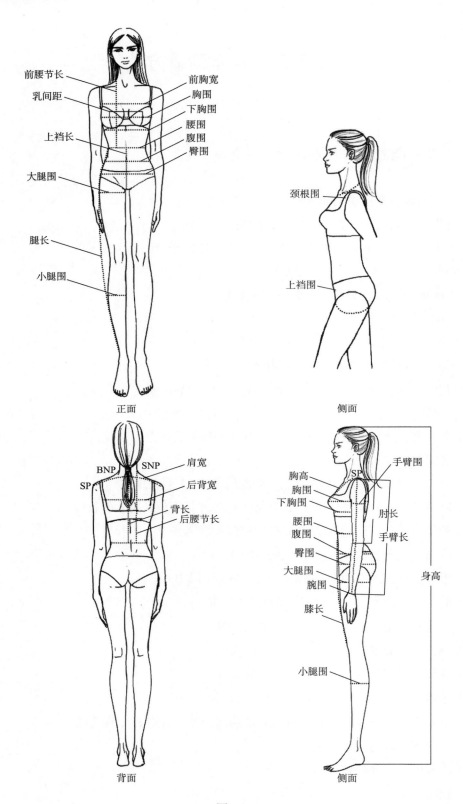

前腰节长
乳间距
上裆长
大腿围
腿长
小腿围

前胸宽
胸围
下胸围
腰围
腹围
臀围

正面

颈根围
上裆围

侧面

BNP SNP
SP
肩宽
后背宽
背长
后腰节长

背面

胸高
胸围
下胸围
腰围
腹围
臀围
大腿围
腕围
膝长
小腿围

SP
手臂围
肘长
手臂长
身高

侧面

图2-2

二、量体方法

人体体型是服装造型的核心，人体测量是了解和掌握人体体型的必须方法。不同造型的服装与人体体型的相关程度不同，可分为非成型类服装、半成型类服装以及成型类服装。服装的成型度越高，和人体体型特征的吻合度越高，人体测量的部位越多，要求越高。

人体测量的方法根据测量部位特征以及测量要求而有区别，常用的有三维扫描、马丁仪测量和软尺测量。

三维扫描人体测量方法可以获得人体虚拟体型写真，可以准确提取人体高度、围度、厚度和角度等多项数据。马丁仪可以测量人体高度、厚度和角度等多项数据，精度较高。两者目前多用于人体体型研究。

软尺虽然精度有限，但由于使用方便、操作简单，仍然是服装生产中最常用的人体测量和服装尺寸测量的工具。常用的人体部位测量方法，如图 2-2 所示。

思考与练习

1. 简述裙装结构制图基本概念与术语。

2. 练习人体测量。

应用与实践——

裙装原型与基础裙型制图方法

课程名称： 裙装原型与基础裙型制图方法

课程内容： 1. 半身裙原型制图

2. 直身型裙

3. 窄身型裙

4. 小 A 型裙

上课时数： 8 课时

教学目的： 掌握裙原型及基础裙型的制图方法

教学方式： 运用 CAD 软件 + 投影仪 + 多媒体

教学要求： 1. 理解掌握裙装制图原理。

2. 熟练绘制裙装原型与基础裙型制图。

课前（后）准备：

1. 教师准备裙原型与基础裙型制图。

2. 学生绘制 1 ：400 比例基础裙型。

第三章　裙装原型与基础裙型制图方法

　　裙装（半身裙）结构设计，对于没有接触过服装制板和缝纫工艺的服装设计专业的学生和服装爱好者是快速入门的好选择。

　　裙装是人类发展最初的服装款式之一，也是服装设计中最常见的服装类别。半身裙装是最古老也是最简单的服装单品。例如，裹身的兽皮腰布，可以追溯到人类历史发展初始阶段。

　　现代服装的结构制图方法日趋科学性与精准性，其中原型制图法就是非常好的半身裙装的制图方法。有许多裙装造型需要运用裙原型构成方法来实现结构制图。

　　本章还介绍了三款基本裙型——直身裙、窄身裙、A 型裙，这三款裙型是之后众多裙型变化的基础款，裙装造型无论多复杂变化，如分割、抽褶、折裥等，裙子的廓型都离不开这三种基础廓型。

第一节　半身裙原型制图

一、1/4身幅两个省位裙原型

（一）款式分析

　　两个省位的裙原型较适合直身裙、窄身裙这样的裙型，其与人体腰部、臀部较为贴服，如图 3-1 所示。

（二）规格设计

　　规格设计见表 3-1，示例规格 160/84A。

（三）制图步骤与方法

1. 画裙原型基础线

（1）画腰围水平基础线 WL。

（2）画前片中心线 55cm，此长度数值可根据制图需要进行增减（图 3-2）。

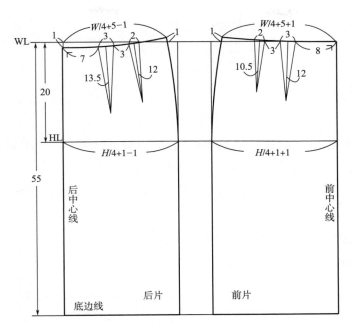

图3-1

表3-1 规格设计表 单位：cm

部位	净尺寸	成品尺寸	放松量
裙长L	55	55	—
腰围W	65	66	1
臀围H	90	94	4

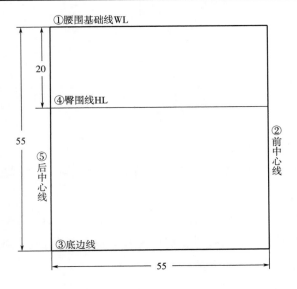

图3-2

（3）画底边线 55cm，此宽度数值可根据人体围度需要进行增减。

（4）画臀围水平线 HL，由 WL 向下量取 18 ～ 20cm。

（5）画后片中心线。

2. 确定前、后片臀宽位置

（1）画前片臀端点，由前中心线向侧缝量取 $H/4+1+1$。

（2）画前片侧缝线，由前片臀端点画垂线，分别相交于 WL 线、HL 线、底边线。

（3）画后片臀端点，由后中心线向侧缝量取 $H/4+1-1$。

（4）画后片侧缝线，由后片臀端点画垂线，分别相交于 WL 线、HL 线、底边线（图 3–3）。

说明：

前片臀围量公式：$H/4+1$（服装的放松量）$+1$（前片加大 1cm）

后片臀围量公式：$H/4+1$（服装的放松量）-1（后片减小 1cm）

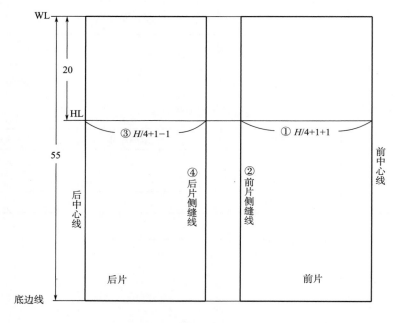

图3-3

3. 画轮廓线与省位

（1）画前片腰弧线：由前中心点向侧缝方向量取 $W/4+5+1$ 并起翘 1cm（这是腰围线圆顺的关键）画腰弧线。

（2）画前片侧缝弧线：用曲线连接前片臀端点与腰端点至起翘 1cm 处。

（3）画前片中心省位：由前中心线在腰线量取 8cm 为省起点，再量取 3cm 省大，由中间点垂直（必须垂直于前腰弧线）向下量取 12cm。

（4）画前片侧缝省位：两个省之间距离 3cm，量取侧缝省 2cm，由中点垂直向下量取 10.5cm。

（5）画后片腰弧线：由后片中心点向下 1cm，由此点向侧缝方向量取 $W/4+5-1$ 并起翘 1cm 画腰围弧线。

（6）画后片侧缝弧线：用曲线连接前片腰端点与臀端点，并起翘 1cm。

（7）画后中心省：由后中心点在腰线量取 7cm 为省起点，再量取 3cm 省大，由中间点垂直（必须垂直于后腰弧线）向下量取 13cm。

（8）画后片侧缝省位：两个省之间距离 3cm，量取侧缝省大 2cm，由中点垂直向下量取 11.5cm（图 3-4）。

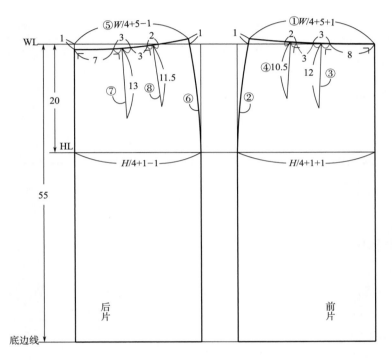

图3-4

4. 画腰省

在步骤三中强调了腰省的中心线，一定要垂直于腰弧线，所以省位的方向是呈放射性状态。

（1）画前中心省。

（2）画前侧缝省。

（3）画后中心省。

（4）画后侧缝省（图 3-5）。

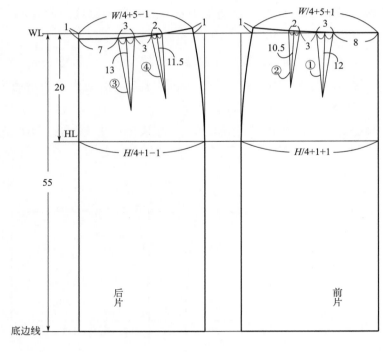

图3-5

二、一个省位的裙原型

在腰围与臀围之间，围度数值差距较小的情况下，或是只做一个省位更适合造型需要，原型也可按照 1/4 身幅前、后片采用一个省位的制图方法，制图步骤与上面两个省位制图步骤相同（这里不再重复制图步骤）。

需要注意的是，这里的省量取值 3.5cm，前、后腰省长度分别为 12cm、13.5cm，同时建议裙子原型上单个省量不要超过 4.5cm 为宜，省量越大随之省长度就会加长，否则从腰线到臀线的角度就会不流畅，但是在裙装上单个省道过长会影响美观，所以要注意省量与省长之间的关系，如图 3-6 所示。

（一）规格设计

规格设计见表 3-2，示例规格 160/84A。

表3-2　规格设计表　　　　　　　　　　　　　　单位：cm

部位	净尺寸	成品尺寸	放松量
裙长L（BNP—底边）	55	55	—
腰围W	67	68	1
臀围H	90	94	4

（二）结构制图

结构制图如图 3-6 所示。

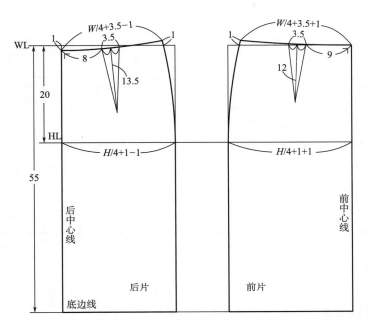

图3-6

第二节　直身型裙

一、款式分析

直身裙在半身裙原型的基础上整体廓型没有变动，在后中心线由底边向上留取后开衩便于行走活动，后中缝由腰部向下 15cm 左右长上拉链，腰部缝制腰头，如图 3-7 所示。

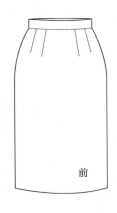

图3-7

二、规格设计

规格设计见表3-3，示例规格160/84A。

表3-3　规格设计表　　　　　　　　　　　　　　　　单位：cm

部位	净尺寸	成品尺寸	放松量
裙长L	55（不含裙腰头）	58	—
腰围W	65	66	1
臀围H	90	94	4
裙腰头高	—	3	—
拉链长	—	16	—
开衩	—	15	—

三、制图步骤与方法

1. 按照尺寸画好基础裙型前、后片（图3-8）

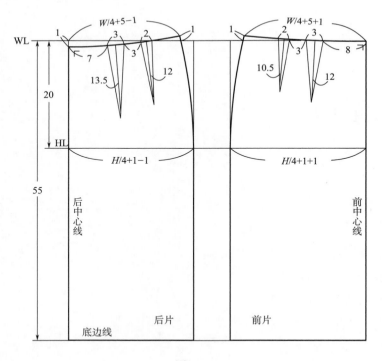

图3-8

2. 绘制后开衩

在后中线腰线向下量取16cm为拉链止点位置，底边处向上量取15cm、向外量取4cm画后片开衩（图 3-9）。

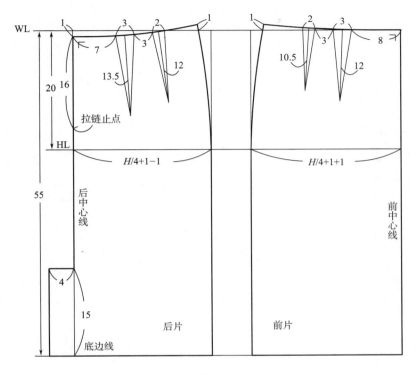

图3-9

3．画裙腰头

　　此款裙腰头为直腰款，腰头高为3cm，由于裙腰头是双层面料，所以连折裁6cm腰头宽，长度为腰头长66cm再加上3cm的搭门量（图3-10）。

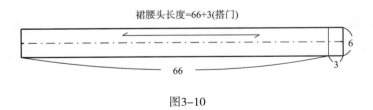

图3-10

四、直身型裙裁片图

　　在净样板上放出缝份，如图 3-11 所示。

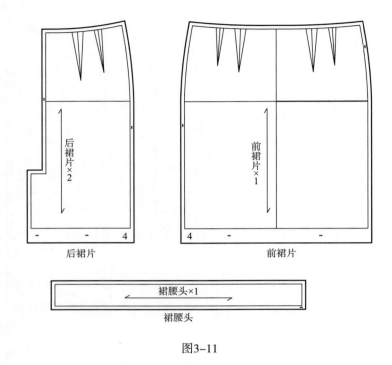

后裙片

后裙片×2

前裙片

前裙片×1

裙腰头×1

裙腰头

图3-11

第三节　窄身型裙

一、款式分析

　　窄身裙在底摆处收进，使廓型更贴服于胯、臀、下肢，所以更显女性的妖娆身材。由于此款下摆比较小，所以在后中缝处要留开衩，以便于行走活动，开衩也随着裙长的变化确定着长短，裙长越长后开衩相应也就越长，如图3-12所示。

前

开衩
止点

后

图3-12

二、规格设计

规格设计见表 3-4，示例规格 160/84A。

表3-4　规格设计表

单位：cm

部位	净尺寸	成品尺寸	放松量
裙长L	55（不含裙腰头）	58	—
腰围W	65	66	1
臀围H	90	94	4
裙腰头宽	—	3	—
拉链长	—	16	—
开衩	—	15	—

三、制图步骤与方法

1. 按照尺寸画好裙原型前、后片（图 3-13）

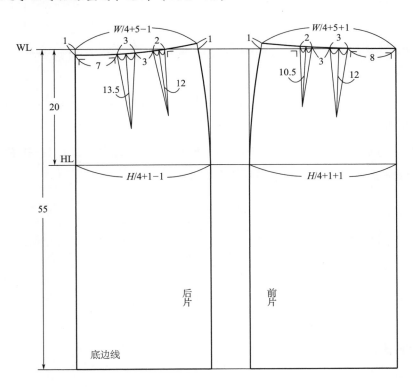

图3-13

2. 画轮廓线

（1）侧缝线由底边线向右移动，1.5cm 为起点向里收进。

（2）在后中心线腰线处向下量取 16cm 为拉链止点，底边处向上量取长 15cm、宽 4cm 为开衩位置（图 3-14）。

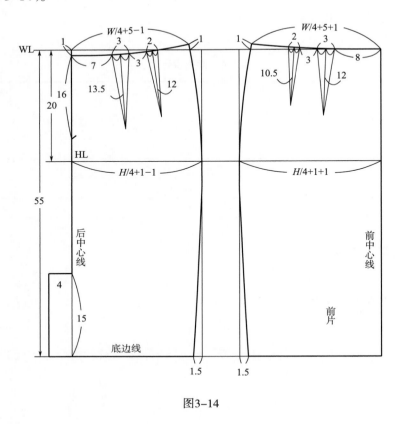

图3-14

3. 画裙腰头

此款裙腰头为直腰款，腰头高为 3cm，由于裙腰是双层面料，所以连折裁 6cm 腰头宽，长度为腰头长 66cm 再加上 3cm 的搭门量（图 3-15）。

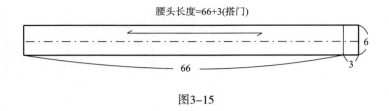

图3-15

四、窄身型裙裁片图

在净样板上放出缝份，如图 3-16 所示。

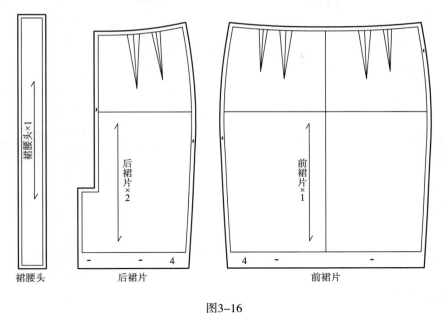

| 裙腰头 | 后裙片 | 前裙片 |

图3-16

第四节　小 A 型裙

一、款式分析

　　小 A 型裙与直身裙和窄身裙相比具有活动方便且略显活泼的特点，造型在下摆处向外延展，增加了腿部的活动范围。根据下摆撇度的大小可分为小 A 型裙与大 A 型裙，本节介绍的是小 A 型裙，如图 3-17所示。

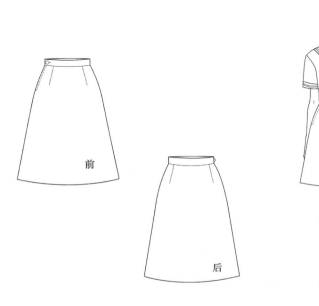

图3-17

二、规格设计

规格设计见表3-5，示例规格 160/84A。

表3-5　规格设计表

单位：cm

部位	净尺寸	成品尺寸	放松量
裙长L	55（不含裙腰头）	58	—
腰围W	65	66	1
臀围H	90	94	4
裙腰头高	—	3	—
拉链长	—	16	—

三、制图步骤与方法

1. 按照尺寸画好裙原型前、后片

小 A 裙型，根据造型需要，可采用 1/4 身幅一个省位的制图方法（图 3-18）。

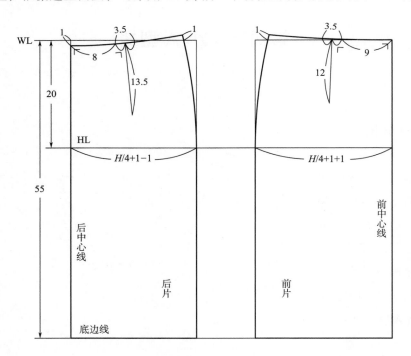

图3-18

2. 确定轮廓线

（1）下摆侧缝：在前、后片底边与侧缝辅助线交点处向外量取 3cm，画出侧缝线。

（2）底边线：由 3cm 端点向上起翘 1cm，画出圆顺底边线（图 3–19）。

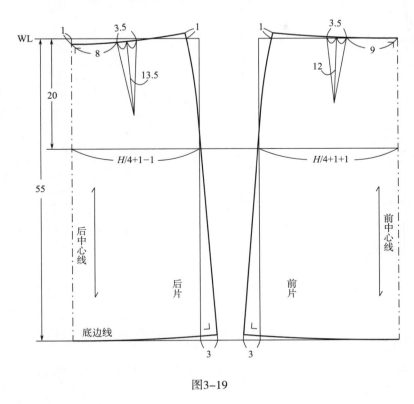

图3-19

3．**画裙腰头**

此款裙腰头为直腰款，腰头高为 3cm，由于裙腰头是双层面料，所以连折裁 6cm 腰头宽，长度为腰头长 66cm 再加上 3cm 的搭门量（图 3–20）。

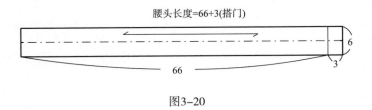

图3-20

四、小A型裙裁片图

在净样板上放出缝份，如图 3–21 所示。

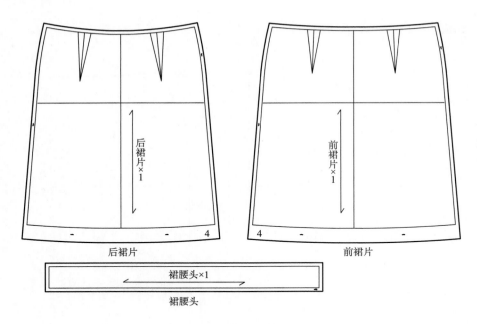

图3-21

思考与练习

请练习绘制裙装的原型、直身裙型、窄身裙型、小A裙型等结构制图。

直身型裙款式设计

课程名称：直身型裙款式设计

课程内容： 1.暗门襟直身裙

2.偏搭门直身裙

3.荷叶边直身裙

4.垂坠边直身裙

上课时数： 12课时

教学目的：学习直身型裙造型特点以及结构制图方法

教学方式：运用 CAD 软件＋投影仪＋多媒体

教学要求： 1.了解直身型裙款式特点。

2.掌握直身型裙款式结构制图绘制方法。

课前（后）准备：

1.教师准备四款直身型变化的款裙型制图。

2.学生了解若干款不同结构的直身型裙。

第四章 直身型裙款式设计

　　直身型半身裙款式，造型显示出稳重知性的特点，再配以质地精良的面料，可以给人考究稳重的视觉效果。直身型的款式变化是以裙原型作为制图基础，在保持原型造型轮廓不变的基础上，局部进行改造与设计。以直身裙型为基础的半身裙变化也是多种多样的，在这里介绍几种典型的款式，供大家参考。

第一节 暗门襟直身裙

一、款式分析

　　暗门襟直身裙的特点是简洁明快，搭门位置有两层贴边，裙子的扣眼打在第二层贴边上，这样系的扣子就隐藏在第一层面料下面，整个裙子只在腰面门禁上露出一个扣子，如图4-1所示。

二、规格设计

　　规格设计见表4-1，示例规格160/84A。

前

后

图4-1

表4-1　规格设计表　　　　　　　　　　　　　单位：cm

部位	净尺寸	成品尺寸	放松量
裙长L	60（不含裙腰头）	63.5	—
腰围W	67	68	1
臀围H	90	94	4
裙腰头高	—	3.5	—

三、制图步骤与方法

由于此款裙型是前中心线开门，其他造型部位应尽量简洁些，所以裙型适合裙片一个省位的裙原型。

1. 前、后片绘制

按照制图尺寸画好裙子基础型前、后片制图（制图步骤参考第一节原型制图步骤），制图时需要注意的是省中线必须垂直于腰弧线（图4-2）。

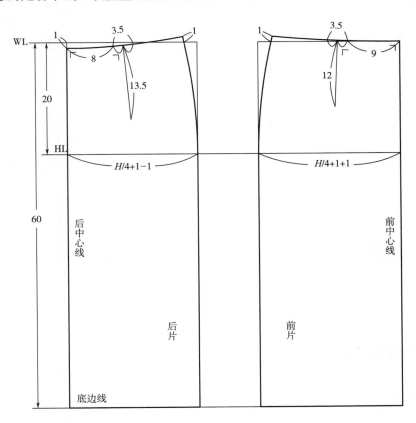

图4-2

2. 扣眼、裙腰头绘制

（1）完善前、后片省位。

（2）画止口线。

（3）画出前片裙腰头。

（4）画出后片裙腰头。

（5）画前片贴边、确定扣眼位置（图4-3）。

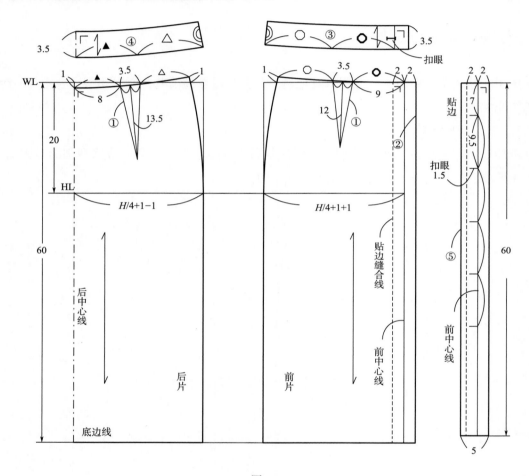

图4-3

四、暗门襟直身裙裁片图

净样板放缝份，如图4-4所示。

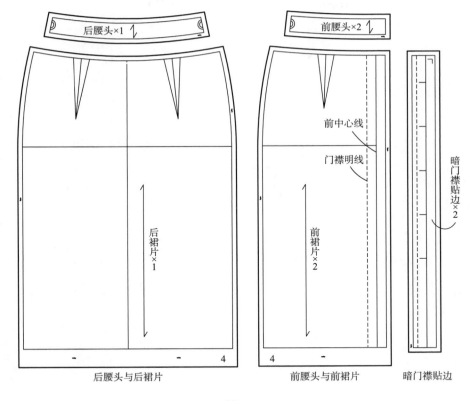

图4-4

第二节　偏搭门直身裙

一、款式分析

偏搭门直身裙的搭门量较大，一般由中心线向外量取 5 ~ 7cm，而普通的搭门量只有 1.5 ~ 2cm。由于搭门较宽，在左侧裙腰止口线位置，要装有暗扣，以免左侧腰头处掉下来，如图 4-5 所示。

二、规格设计

规格设计见表 4-2，示例规格 160/84A。

图4-5

表4-2　规格设计表　　　　　　　　　　　　　　　　　　单位：cm

部位	净尺寸	成品尺寸	放松量
裙长L	60（不含裙腰头宽）	63.5	—
腰围W	67	68	1
臀围H	90	94	4
裙腰头宽	—	3	—
搭门宽	6	6	—

三、制图步骤与方法

1. 按照规格尺寸画好裙原型前、后片（图4-6）
2. 绘制止口线、扣眼与裙腰头（图4-7）
（1）完善前、后片腰省。
（2）由前中心线向右侧6cm画出止口线。
（3）确定纽扣、扣眼位置。
（4）画出前贴边与裙腰头。

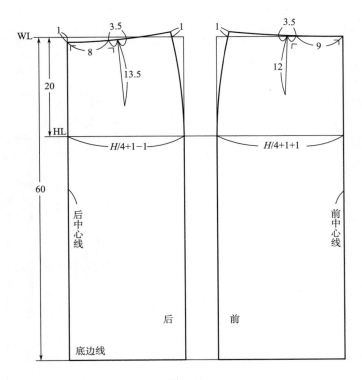

图4-6

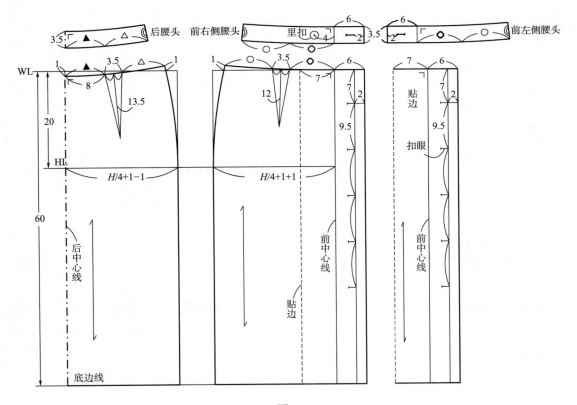

图4-7

四、偏搭门直身裙裁片图

净样板放缝份，如图 4-8 所示。

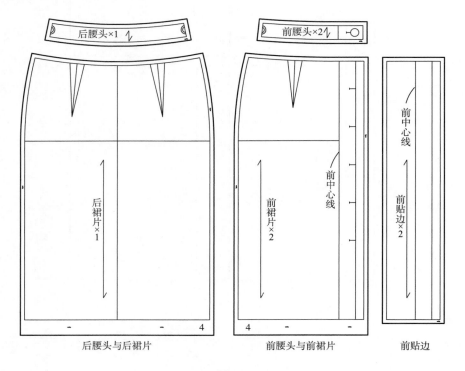

后腰头×1　　　前腰头×2

后裙片×1　　　前裙片×2　　　前中心线

前中心线　　　前贴边×2

后腰头与后裙片　　　前腰头与前裙片　　　前贴边

图4-8

第三节　荷叶边直身裙

一、款式分析

此款裙子的特点是裙身部分保持与原型轮廓线一致的造型，裙下摆缝合 180° 弧形宽边，自然下垂后形成美丽的波浪，犹如荷叶边的形态，可以衬托出女性柔美恬静的气质，如图 4-9 所示。

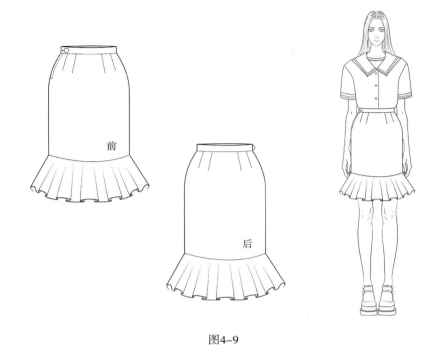

图4-9

二、规格设计

规格设计见表4-3，示例规格160/84A。

表4-3　规格设计表　　　　　　　　　　　　　　单位：cm

部位	净尺寸	成品尺寸	放松量
裙长L	58（不含裙腰头）	61	—
腰围W	65	66	1
臀围H	90	94	4
裙腰头高	—	3	—
荷叶边宽	—	15	—

三、制图步骤与方法

1. 根据原型制图方法绘制基础裙型

这里强调裙腰省的绘制方法：先绘制省中心线，并注意一定要垂直于腰围弧线，这点非常重要（图4-10）。

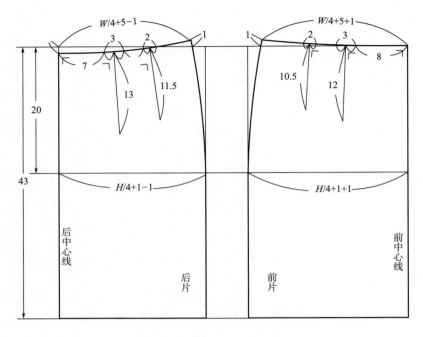

图4-10

2. 腰省绘制

完成腰省绘制，并展开前片制图，测量出整个裙前片底边线尺寸，确定拉链长度（图4-11）。

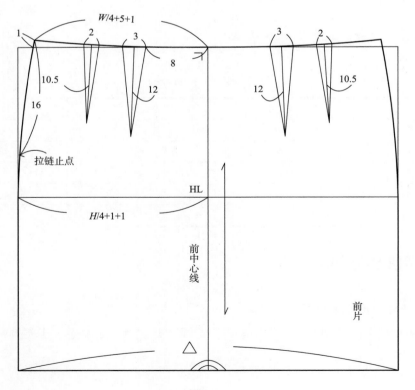

图4-11

3. 绘制前裙片荷叶边（图 4-12）

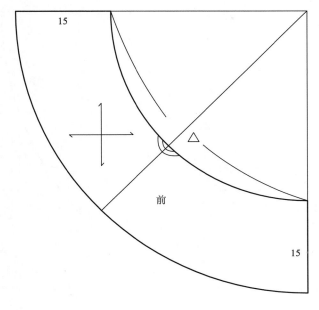

图4-12

4. 绘制后片

展开后片制图，并测量出整个后裙片底边线尺寸（图 4-13）。

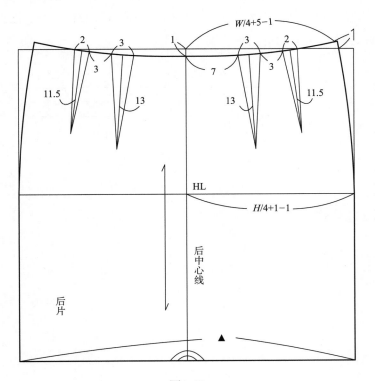

图4-13

5. 绘制后荷叶边（图4-14）

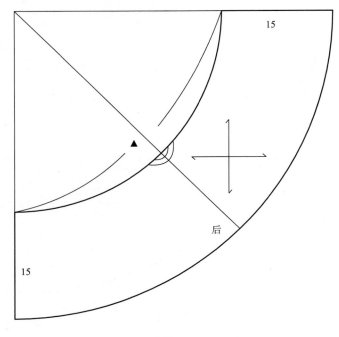

图4-14

6. 画裙腰头

此款裙腰头为直腰款，腰头高为3cm，由于裙腰头是双层面料，所以连折裁6cm腰头宽，长度为腰头66cm再加上3cm的搭门量（图4-15）。

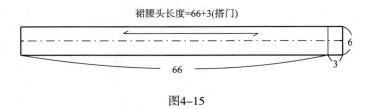

图4-15

四、荷叶边直身裙裁片图

净样板放缝份，如图4-16所示。

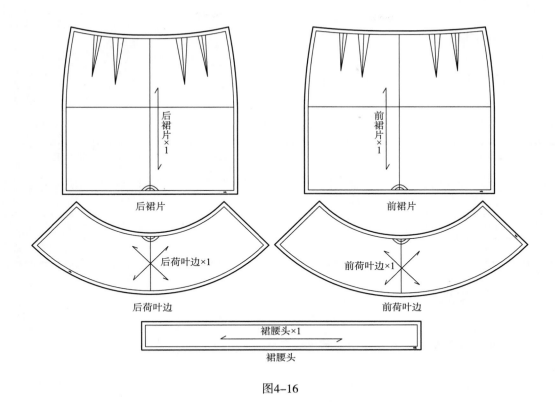

后裙片

前裙片

后荷叶边

前荷叶边

裙腰头

图4-16

第四节　垂坠边直身裙

一、款式分析

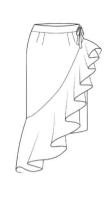
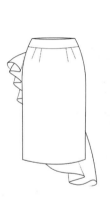

　　此款裙子在裙前片斜接了一片螺旋垂坠边，使裙子看起来活泼浪漫。此款裙子应注意的是，连接垂坠边后，右侧缝后裙片与前片长度不一致，垂坠边长出10cm，这是此款裙子的设计特点，如图4-17所示。

图4-17

二、规格设计

规格设计见表4-4，示例规格160/84A。

表4-4　规格设计表　　　　　　　　　　　　　　　　单位：cm

部位	净尺寸	成品尺寸	放松量
裙长L	65（不含垂坠边）	75（包含垂坠边）	—
腰围W	65	66	1
臀围H	90	94	4
垂坠边宽	—	上10、下20	—

三、制图步骤与方法

1. 按照规格尺寸做出基础裙型（图4-18）

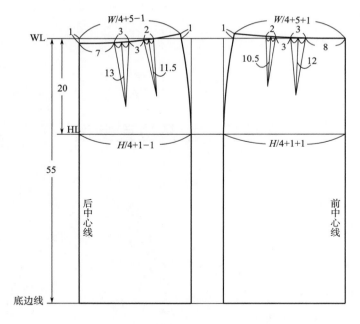

图4-18

2. 展开前裙片

由于前片结构关系，裙前片左右片有较大的搭门量，所以需要在制图时将整个前片展开（图4-19）。

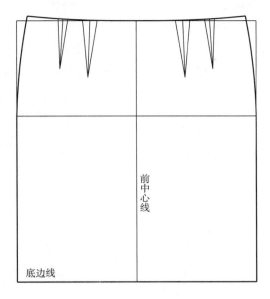

图4-19

3．垂坠边连接位置

（1）由腰围线向下量取 5cm，确定裙腰头与裙身的分割线位置。

（2）画出右前裙片连接垂坠边位置：左侧缝由裙腰头分割线向下量取 6cm 为垂坠边起点，与右侧缝底边连成弧线（图 4-20）。

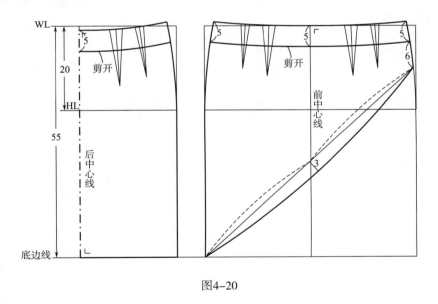

图4-20

4．腰片与裙身分割

裙子右前片腰头与裙身分割，裙腰头合并裙腰省（图 4-21）。

5．裙腰、裙底边设计

（1）左前片裙腰头与裙身分割，裙腰头合并裙腰省。

（2）由裙子底边向下量取 10cm，为新裙底边线。

（3）右侧缝底边处，向内量取 7cm，与右侧臀围点连接直线。

（4）在腰头与臀围点分别作扣襻，其将与右侧缝纽扣相扣（图 4-22）。

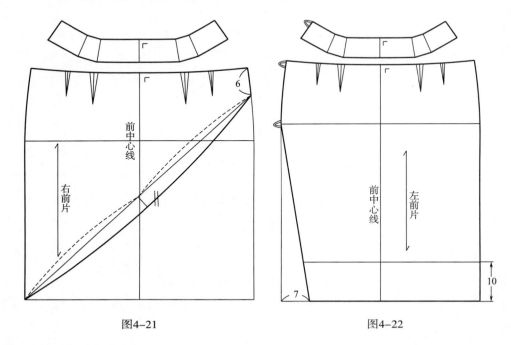

图4-21　　　　　　　　　　　　图4-22

6. 裙后片与裙底边设计

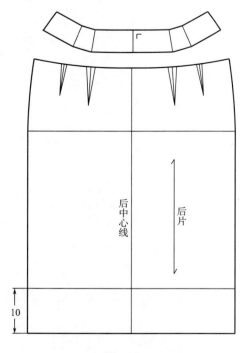

图4-23

（1）裙后片：裙腰头与裙子分割，并将裙腰省合并。

（2）由裙子底边向下量取 10cm，为新裙底边线（图4-23）。

7. 垂坠边绘制

画垂坠边，为斜丝，上段宽 10cm，下段宽 20cm，内弧长度与右前片弧线边线相等（图4-24）。

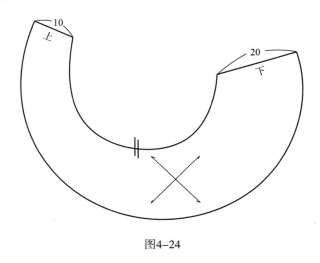

图4-24

8. 裙腰头里、裙腰头面绘制

将前、后裙腰头画圆顺。裙腰头有裙腰头面、裙腰头里，由于裙前片有左、右两层，所以前腰头面、腰头里分别两个，在前裙片底层裙腰装有扣襻（图4-25）。

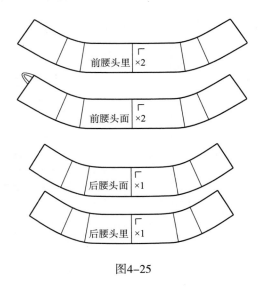

图4-25

四、垂坠边直身裙裁片图

净样板放缝份，如图 4-26 所示。

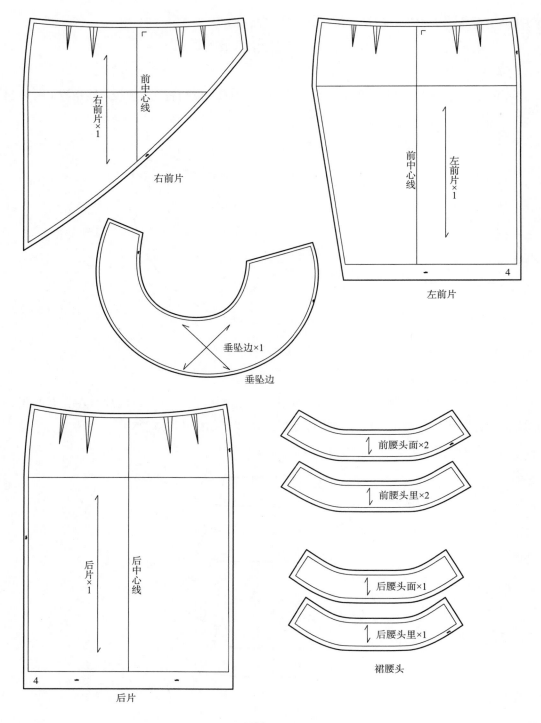

图4-26

思考与练习

请练习绘制暗门襟直身裙、偏搭门直身裙、荷叶边直身裙、垂坠边直身裙等结构制图。

应用与实践——

窄身裙款式设计

课程名称：窄身裙款式设计

课程内容：1. 连腰式窄身裙

2. 牛仔装式窄身裙

3. 省位褶窄身裙

4. 斜褶窄身裙

5. 偏襟叠褶窄身裙

6. 罗马裙

上课时数：18 课时

教学目的：学习窄身裙型款式特点以及结构制图方法

教学方式：运用 CAD 软件 + 投影仪 + 多媒体教学

教学要求：1. 了解窄身裙型款式变化特点。

2. 掌握窄身裙型的结构图绘制方法。

课前（后）准备：

1. 教师准备六款不同结构变化的窄身型裙制图。

2. 学生了解若干款不同结构的窄身型裙。

第五章　窄身裙款式设计

窄身裙型（也叫裹身裙型），穿着此款裙子时，裙身与人体腰、臀以及大腿部位比较贴合，下摆量较小，这样的裙型可以使人体腰、臀处的形态更加明显与突出，尽显女性魅力。窄身型半身裙是职场中常被采用的女性职业着装的款式之一。本章选择六款在结构设计上具有一定有特点的样式介绍给大家。

第一节　连腰式窄身裙

一、款式分析

这款连腰裙的腰部设计与裙腰头结构线相连并且没有接缝，裙腰头宽度 7cm，有很好的腰部塑性的作用，在四条结构线底边处有 5cm 开衩，为行走提供了便利，如图 5-1 所示。

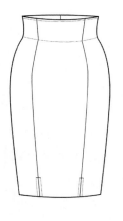
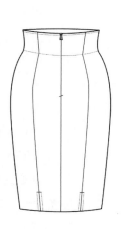

图5-1

二、规格设计

规格设计见表 5-1，示例规格 160/84A。

表5-1 规格设计表

单位：cm

部位	净尺寸	成品尺寸	放松量
裙长L（WL-底边）	57	57	—
腰围W	68	69	1
臀围H	90	94	4
裙腰头高	7	7	—

三、制图步骤与方法

1. 绘制裙原型

按规格尺寸制作裙原型，采用一个省位的原型。画好省的关键是省中线要垂直于腰弧线（图 5-2）。

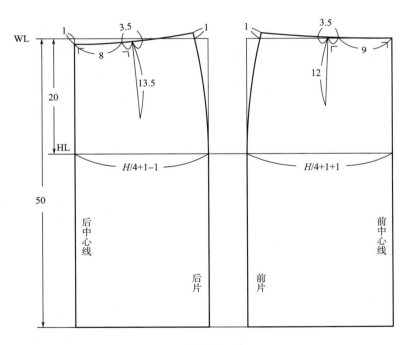

图5-2

2. 腰省与分割线绘制

画出前、后片腰省。在省尖点处作垂线，相交于底边线（图 5-3）。

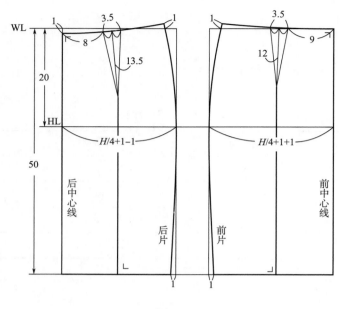

图5-3

3. 完成结构制图

（1）前、后片结构线绘制成圆顺弧线。

（2）画出前、后片裙腰以及腰头里布。

（3）确定结构线开衩位置（图5-4）。

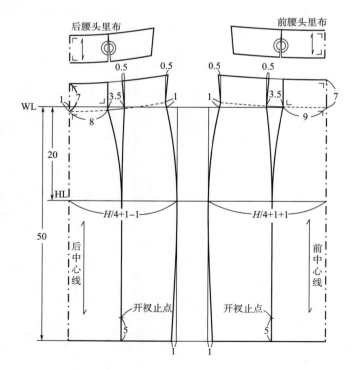

图5-4

四、连腰式窄身裙裁片图

净样板放缝份，如图 5-5 所示。

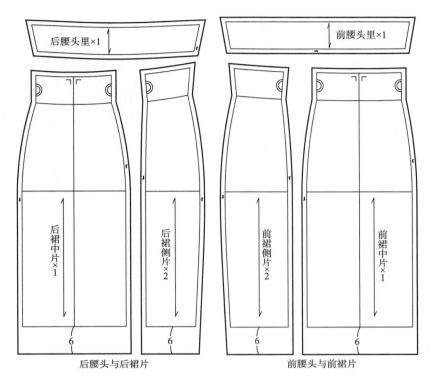

图5-5

第二节　牛仔装式窄身裙

一、款式分析

牛仔裙是深受广大时尚一族和青年女性喜爱的一种裙型，这款牛仔裙廓型为修身型，工艺与牛仔装制作方法相同，用缉明线作为裙子的装饰与加强结构的作用，如图 5-6 所示。

图5-6

二、规格设计

规格设计见表 5-2，示例规格 160/84A。

表5-2　规格设计表　　　　　　　　　　　　　　　单位：cm

部位	净尺寸	成品尺寸	放松量
裙长L	57	57	—
腰围W	69	70	1
臀围H	90	94	4
裙腰头高	—	4	—

三、制图步骤与方法

1. 裙基础轮廓线绘制

（1）按照尺寸画出裙子基础轮廓计算尺寸按图中所示。

（2）确定腰宽位置。

（3）确定后裙片育克位置（图 5-7）。

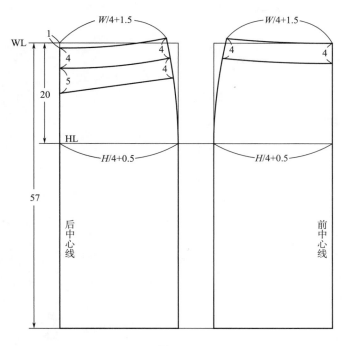

图5-7

2. 裙腰头、口袋、开衩绘制

（1）画前片裙腰头位置、口袋位置、门刀位置、前开衩位置。

（2）画后片裙腰头位置、后育克开剪位置、后口袋位置（图5-8）。

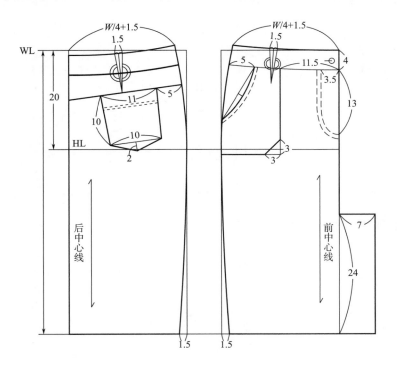

图5-8

3. 前腰头处理（图 5-9）

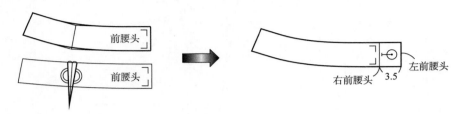

图5-9

4. 后腰头与育克的处理（图 5-10）

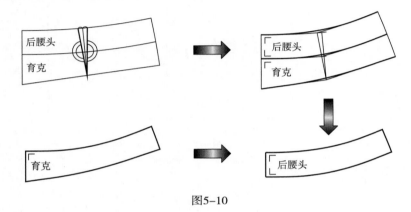

图5-10

5. 裙腰头与腰襻带位置（图 5-11）

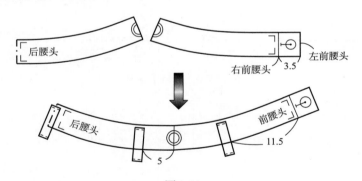

图5-11

6. 绘制前门刀（图 5-12）

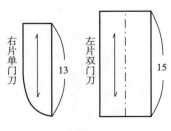

图5-12

四、牛仔装式窄身裙裁片图

净样板放缝份如图 5-13 所示。

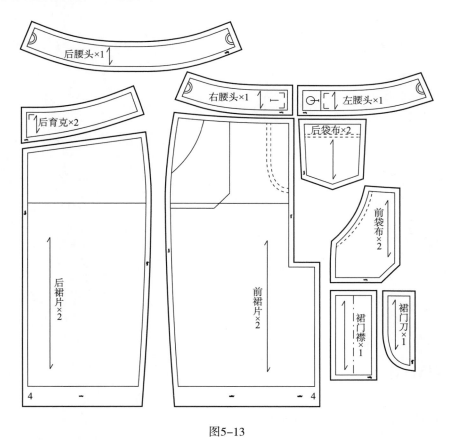

图5-13

第三节 省位褶窄身裙

一、款式分析

省位褶窄身裙外廓型与人体贴服，在省位外侧设计碎褶，打褶的位置在结构上是有突破的设计，后中心线安装拉链、做开衩，如图 5-14 所示。

图5-14

二、规格设计

规格设计见表5-3，示例规格160/84A。

表5-3 规格设计表

单位：cm

部位	净尺寸	成品尺寸	放松量
裙长L	55（不含裙腰头）	58	—
腰围W	69	70	1
臀围H	90	94	4
裙腰头高	—	3	—

三、制图步骤与方法

1. 绘制裙原型

按照量体尺寸制作半身裙原型，由于在前片省位做碎褶，所以前片腰省比平时略长，定位13cm（图 5-15）。

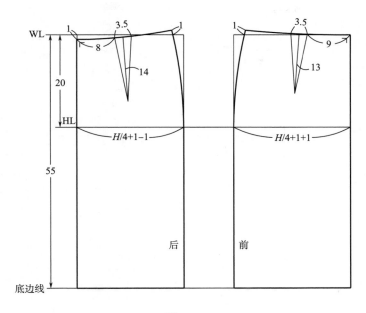

图5-15

2. 前片省打碎褶

将前片省长 5 等分，等分线分别剪开至侧缝线处，并分别加 2cm 的褶量，这样一边的打褶量共 10cm（图 5-16）。

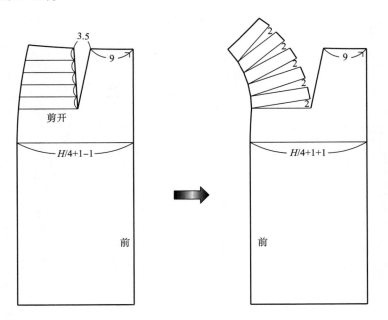

图5-16

3. 画好轮廓线

（1）侧缝底边处向里进 1.5cm 画侧缝轮廓线。

（2）确定后开衩位置，由后中心线底边处向上量取高 15cm、宽 4cm 的开衩量（图 5-17）。

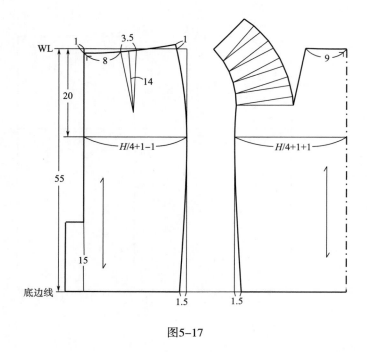

图5-17

四、省位褶窄身裙裁片图

净样板放缝份如图 5-18 所示。

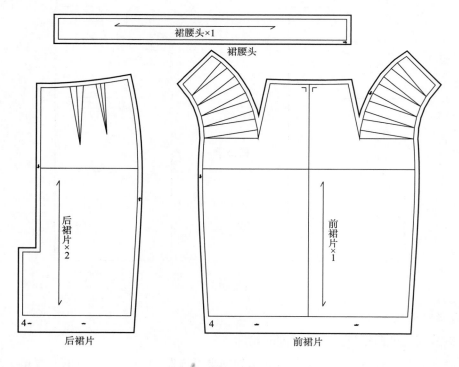

图5-18

第四节　斜褶窄身裙

一、款式分析

斜褶裙的裙前片褶位结构较复杂，裙右前片三个活褶压在左前片两个活褶上面，在设计此款裙子时，要用更多的精力分析其立体结构关系，裙后片左、右各有一个腰省，后中心线做拉链和开衩，如图 5-19 所示。

图5-19

二、规格设计

规格设计见表 5-4，示例规格 160/84A。

表5-4　规格设计表

单位：cm

部位	净尺寸	成品尺寸	放松量
裙长L	55（不含裙腰头）	57.5	—
腰围W	65	66	1
臀围H	90	94	4
裙腰头宽	—	2.5	—

三、制图步骤与方法

1. 绘制窄身裙基础裙型（图5-20）

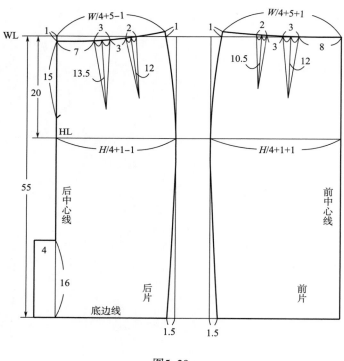

图5-20

2. 展开前片完整制图（图5-21）

3. 设计右前片活褶位置（图5-22）

4. 设计右前片褶量

将右前片褶量打开，褶量与基础裙型省量一致（图5-23）。

5. 设计左前片裙褶位置（图5-24）

6. 设计左前片褶量

将左前片褶量打开，褶量与基础裙型省量一致（图5-25）。

7．斜褶位置展开

（1）右前片中间褶加出褶量，褶量绘制方法和位置如下图所示。

（2）按照箭头方向折中间大褶（图5–26）。

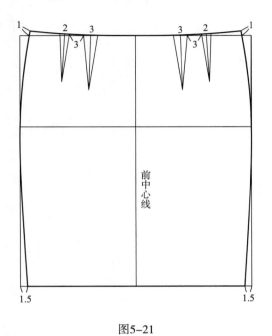

图5–21

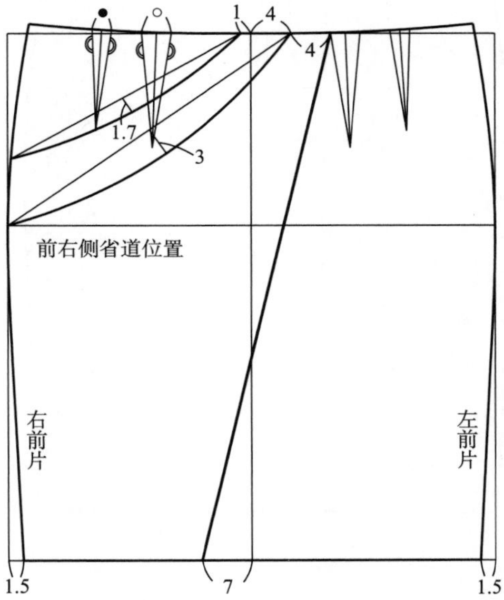

图5–22

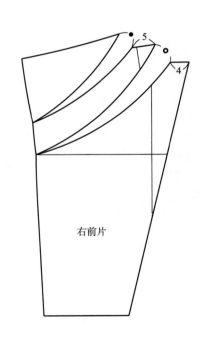

图5–23

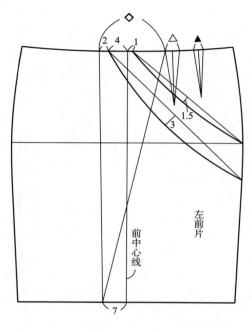

图5-24

图5-25

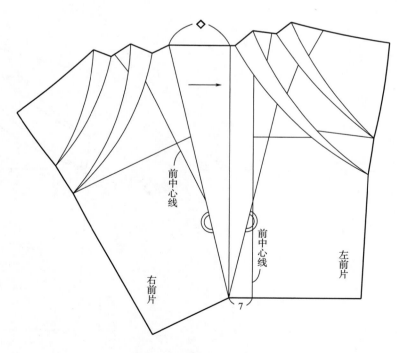

图5-26

四、斜褶窄身裙裁片图

净样板放缝份，如图 5-27 所示。

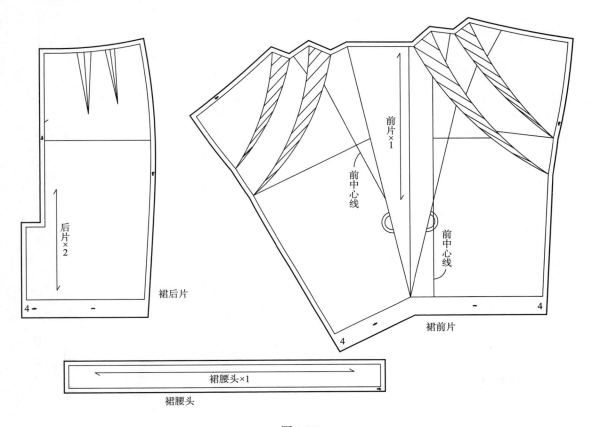

图5-27

第五节 偏襟叠褶窄身裙

一、款式分析

偏襟叠褶窄身裙的裙前片做活褶叠合，夹在左侧开剪结构线之间，此款裙型为低腰款，后中心线装拉链、做后开衩，如图 5-28 所示。

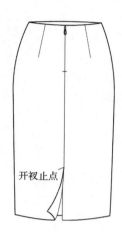

开衩止点

图5-28

二、规格设计

规格设计见表5-5，示例规格160/84A。

表5-5　规格设计表

单位：cm

部位	净尺寸	成品尺寸	放松量
裙长L	55	55	—
腰围W	69	70	1
臀围H	90	94	4

三、制图步骤与方法

1. **按照人体尺寸绘制基础裙型（图5-29）**

2. **确定止口线位置**

（1）展开裙前片完整制图。

（2）确定左、右前片止口线位置（图5-30）。

3. 设计右前片叠褶位置

（1）第一个褶，由前右片止口线向下量取3cm，并与右省尖连线。

（2）第二到第六个褶在止口线处之间间隔2cm，并与右侧缝对应点相连（图5-31）。

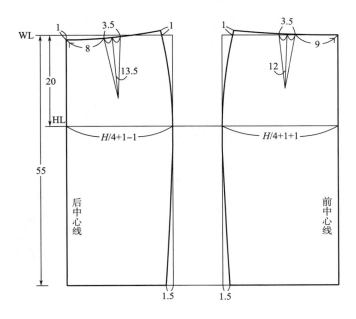

图5-29

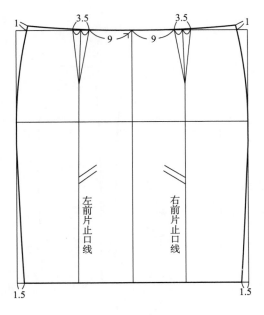

图5-30

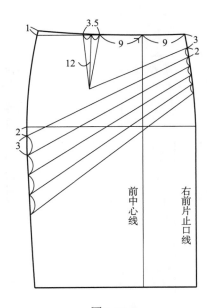

图5-31

4. 偏襟叠褶设计展开图

（1）设计右前片褶量大小，首先合并右片腰省，确定第一个褶量。

（2）设计第 2 到第 6 个褶量，每个褶量 6cm。

（3）画出前右片止口线弧线，画出右前片贴边（图 5-32）。

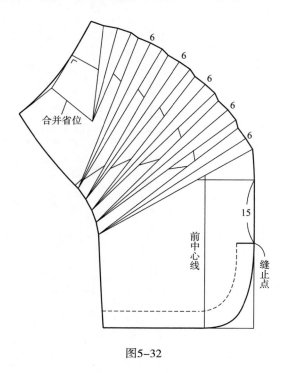

图5-32

5. 绘制左前片止口线及贴边

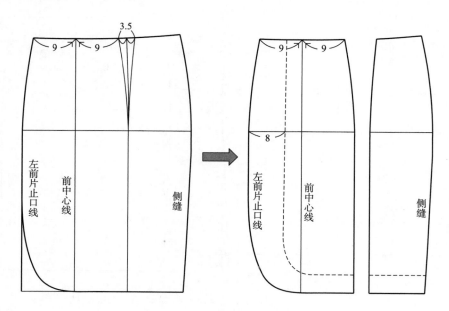

图5-33

（1）确定左前片结构开剪线位置。

（2）画出左前片止口弧线。

（3）画出左前片贴边位置（图5-33）。

6. 确定后开衩位置

裙后片后中心线画出后开衩，确定后拉链位置（图5-34）。

7. 画出裙子零部件

（1）绘制前、后片裙腰头里。

（2）绘制右前片贴边。

（3）绘制左前片贴边（图5-35）。

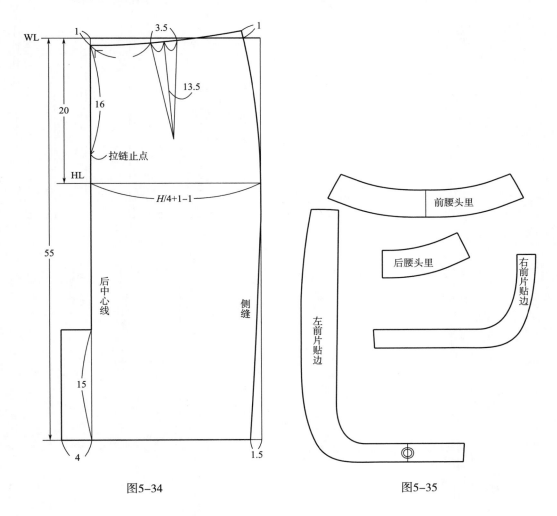

图5-34   图5-35

四、偏襟叠褶窄身裙裁片图

净样板放缝份，如图 5-36 所示。

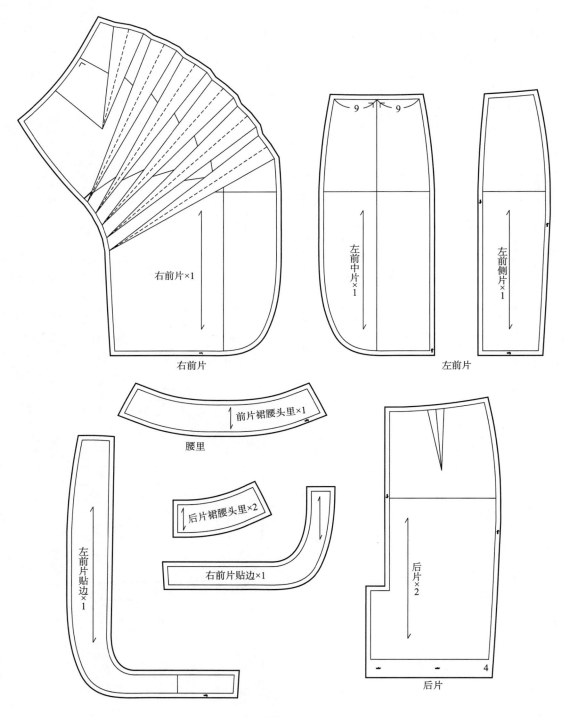

图5-36

第六节　罗马裙

一、款式分析

　　此款裙型侧部加入垂褶造型，垂坠褶部分中心线为 45° 斜丝，侧部无侧缝结构线，前、后中心线处做拼接，裙摆向内收进，后中心线安装拉链、做开衩，如图 5-37 所示。

图5-37

二、规格设计

　　规格设计见表 5-6，示例规格 160/84A。

表5-6　规格设计表　　　　　　　　　　　　　　　单位：cm

部位	净尺寸	成品尺寸	放松量
裙长L	55	55	—
腰围W	65	66	1
臀围H	90	94	4
裙腰头育克宽	5～6.5	5～6.5	—

三、制图步骤与方法

1．按照规格尺寸绘制基础原型裙（图5-38）

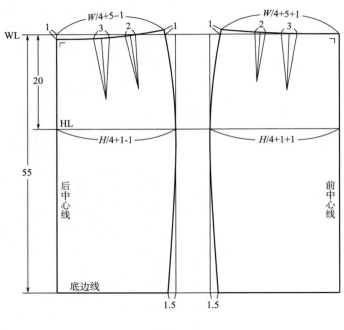

图5-38

2．设置育克和褶裥位置

（1）做育克分割线。

（2）设计罗马褶位置（图5-39）。

3．合并育克省位、确定裙层省量

（1）分割育克与裙片。

（2）合并育克省位，使育克与身体贴服。

（3）确定出裙片省量（图5-40）。

4．做省道转移

省位转移到罗马省褶位置，在罗马褶位置合并省量（图5-41）。

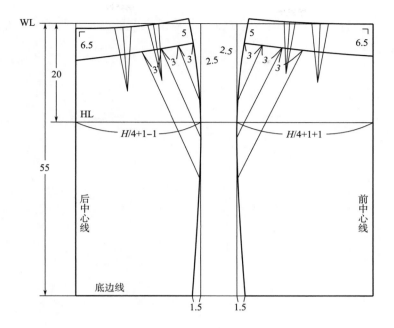

图5-39

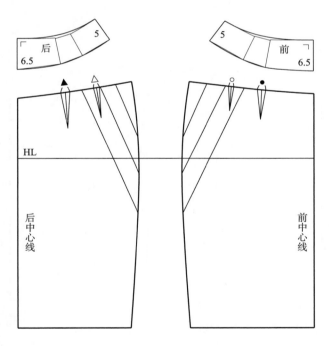

图5-40

5. 腰省合并

将腰省合并到罗马褶位置（图5-42）。

6. 罗马褶设计展开图

（1）剪开罗马褶位，并按弧度展开褶位。

（2）在罗马褶位置设计腰头褶量为5cm，与侧缝位置的褶量大小相同。褶量可根据具体需要与个人喜好进行设计。

（3）展开前、后育克（图5-43）。

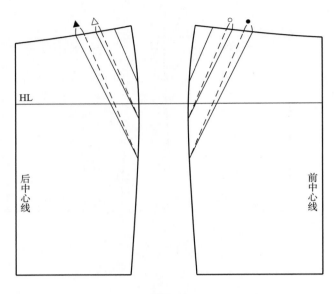

图5-41

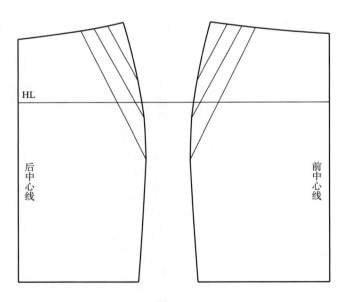

图5-42

7．合并侧缝线，确定拉链止点

（1）在裙子侧缝处合并前、后裙片使侧缝处的褶更完整、更悬垂，需要注意的是，此处为45°斜丝。

（2）确定拉链止点，由裙子后中心线向下量取15cm为拉链止点（图5-44）。

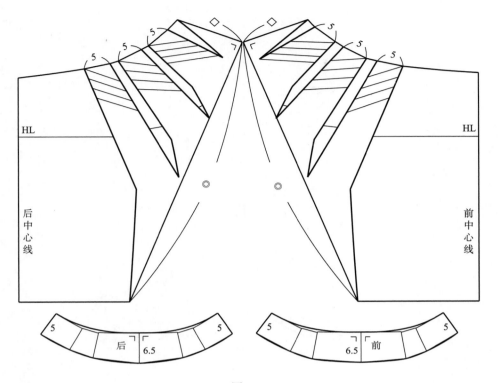

图5-43

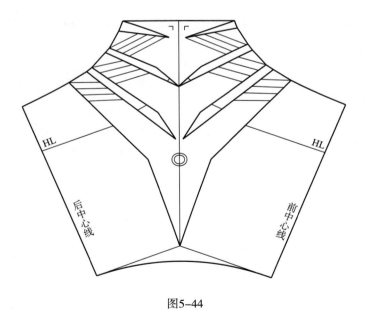

图5-44

四、罗马裙裁片图

净样板加缝份，如图 5-45 所示。

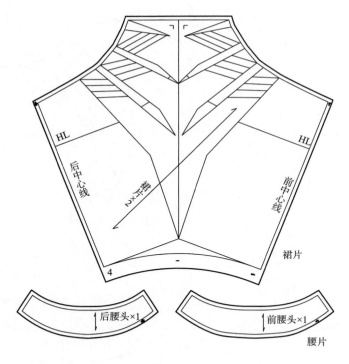

图5-45

思考与练习

请练习绘制连腰式窄身裙、牛仔装式窄身裙、省位褶窄身裙、斜褶窄身裙、偏襟叠褶窄身裙、罗马裙等结构制图。

应用与实践——

A 型裙款式设计

课程名称： A 型裙款式设计

课程内容： 1. 大 A 摆裙

2. 拼片裙

3. 波浪裙

4. 圆台裙

5. 八片裙

6. 塔层裙

上课时数： 20 课时

教学目的： 学习 A 型裙款式特点以及结构制图方法

教学方式： 运用 CAD 软件 + 投影仪 + 多媒体教学

教学要求： 1. 了解 A 型裙款式特点。

2. 掌握 A 型裙结构制图绘制方法。

课前（后）准备：

1. 教师准备六款不同结构变化的 A 型裙制图。

2. 学生了解几款不同造型的 A 型裙。

第六章 A型裙款式设计

A摆廓型的裙子是一种腰部贴身而裙边逐渐变宽的裙子类型。分为两种：一种是臀围放松量较少的紧身A型裙，另一种是臀围放松量较大、裙摆松展的斜裙。

A型裙的款式设计是非常丰富的，由于A摆裙造型活泼、行动方便，许多半身裙的造型都采用了A廓型的设计。

第一节 大A摆裙

一、款式分析

大A摆裙相对于小A裙来讲，大A摆裙下摆量更大，同时服装臀围量、下摆围度与人体之间的空间量更大，因此人体的活动量也就更加方便充沛，如图6-1所示。

图6-1

二、规格设计

规格设计见表 6-1，示例规格 160/84A。

表6-1　规格设计表　　　　　　　　　　　　　　　单位: cm

部位	净尺寸	成品尺寸	放松量
裙长L	60	63	—
腰围W	69	70	1
臀围H	90	94	4
裙腰头宽	—	3	—

三、制图步骤与方法

1. 绘制裙原型（图 6-2）

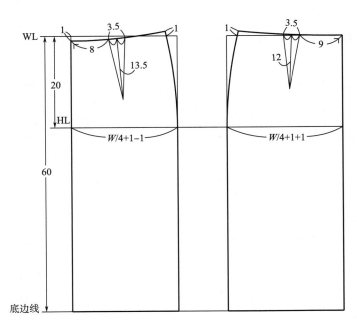

图6-2

2. 轮廓线绘制

（1）画出侧摆与底边。

（2）画前、后裙片轮廓线：由腰弧线侧缝点起，画侧缝轮廓线，相交于底边外扩12cm 处。

（3）画底边线：由前、后中心线起，画一条圆顺的弧线，起翘3cm（图 6-3）。

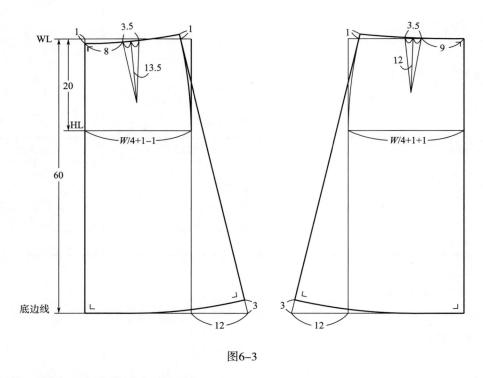

图6-3

3. 整理轮廓线与纱向线（图6-4）

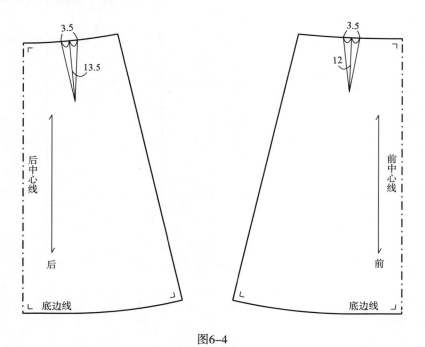

图6-4

4. 画裙腰头

此款裙腰头为直腰款，腰头高为3cm，由于裙腰头是双层面料，所以连折裁6cm腰宽，长度为腰头69cm再加上3cm的搭门量（图6-5）。

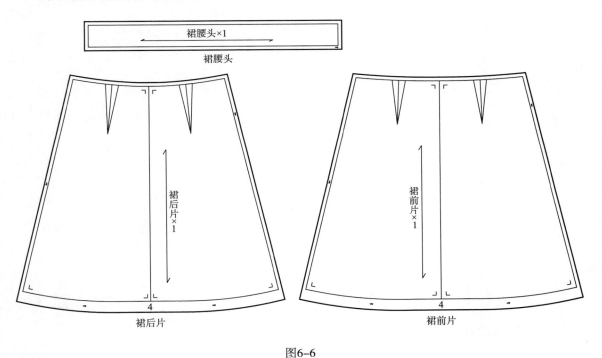

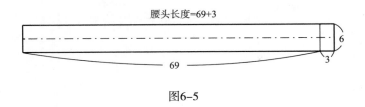

图6-5

四、大A摆裙裁片图

净样板加缝份，如图 6-6 所示。

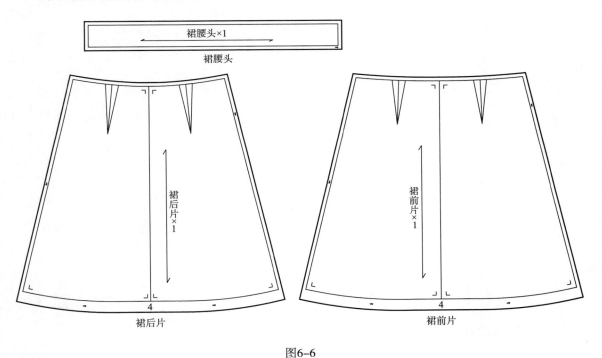

图6-6

第二节　拼片裙

一、款式分析

拼片裙是由裙子前、后片腰省中心线向下延伸至裙底边处的线段，进行开剪处理，把裙腰的省量涵盖在开剪线之中，然后再将裙子的中心片与侧片拼接缝合在一起的裙型。前、后裙片会在左右侧各有一个开剪结构线，所以一个裙子一般是 4 条开剪线，如图 6-7 所示。

图6-7

二、规格设计

规格设计见表 6-2，示例规格 160/84A。

表6-2　规格设计表　　　　　　　　　　　　　单位：cm

部位	净尺寸	成品尺寸	放松量
裙长L	55（不含裙腰头）	58	—
腰围W	69	70	1
臀围H	90	94	4
裙腰头高	—	3	—

三、制图步骤与方法

1. 按定制尺寸绘制出裙原型（图6-8）

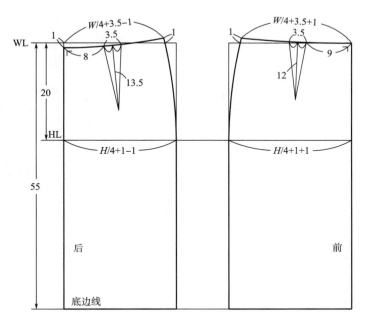

图6-8

2. 绘制出 A 摆裙廓型（图6-9）

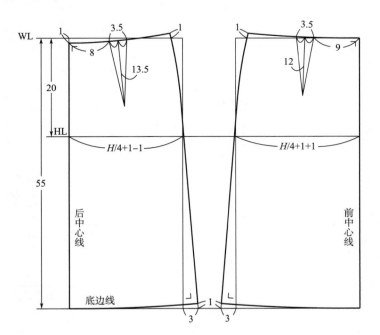

图6-9

3. 延长腰省中线到裙底边处（图6-10）

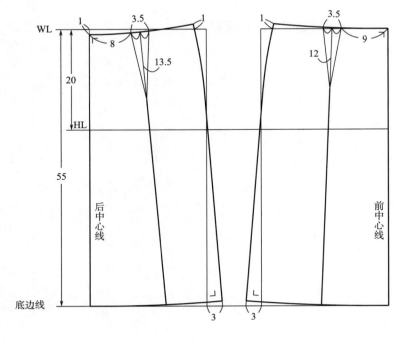

图6-10

4. 绘制前、后裙子中片结构线（图6-11）

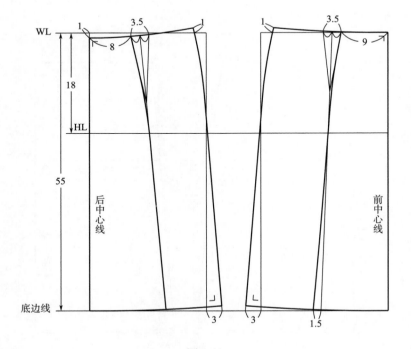

图6-11

5. 绘制裙子侧片结构线（图 6-12）

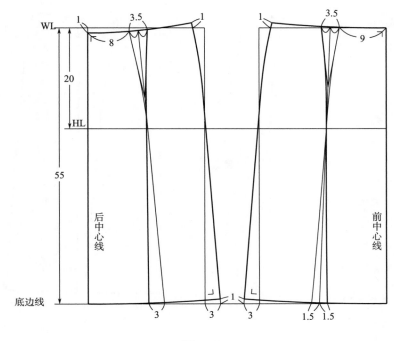

图6-12

6. 整理前、后裙片结构线（图 6-13）

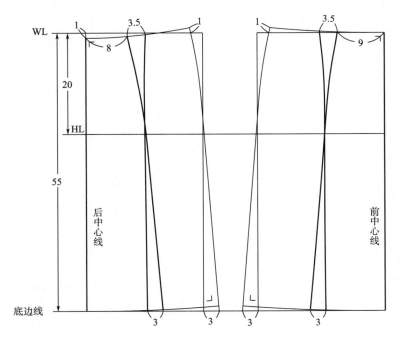

图6-13

7. 整理裙子前、后片的结构片造型（图6-14、图6-15）

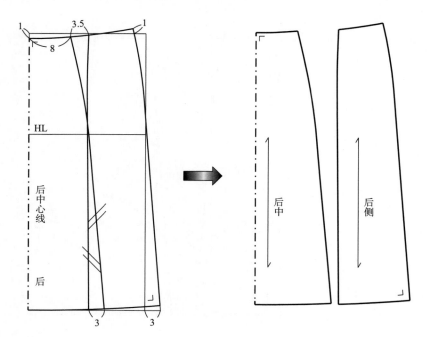

图6-14

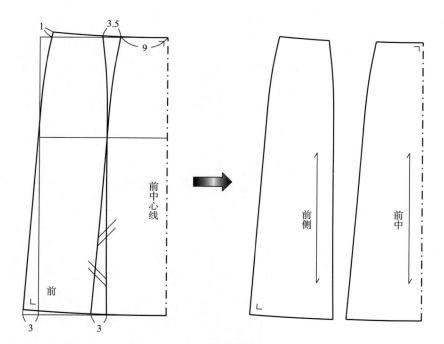

图6-15

四、拼片裙裁片图

净样板放缝份，如图6-16所示。

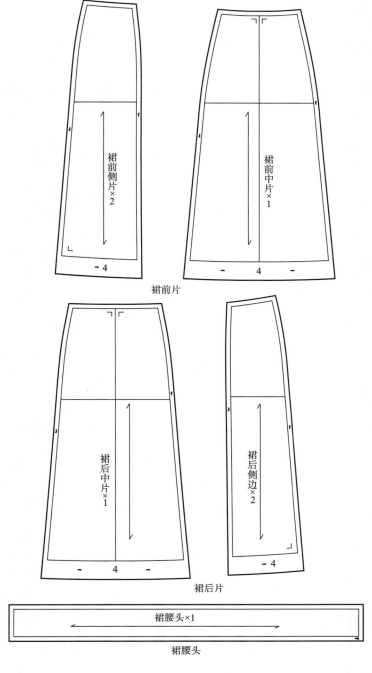

图6-16

第三节　波浪裙

一、款式分析

波浪裙是指臀围处比较宽松（比 A 摆裙臀围增加较多松量），裙摆摆幅较大的裙型，如图 6-17 所示。

图6-17

二、规格设计

规格设计见表 6-3，示例规格 160/84A。

表6-3　规格设计表 　　　　　　　　　单位：cm

部位	净尺寸	成品尺寸	放松量
裙长L	55（不含裙腰头）	58	—
腰围W	69	70	1
臀围H	90	94	4
裙腰头高	—	3	—

三、制图步骤与方法

1. 按照规格尺寸绘制好半身裙原型（图6-18）

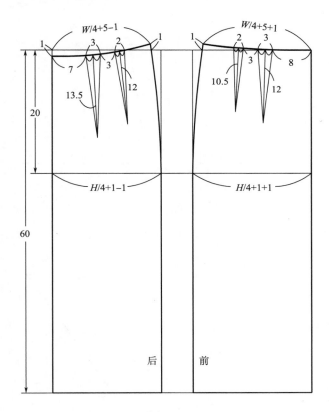

图6-18

2. 在原型侧缝底边线处加8cm的侧摆量（图6-19）

3. 裙子前片纸样省位闭合

（1）前片腰省中心线向下延长至裙子底边，将省位以下的部分剪开。

（2）把前腰围线与前底边线修正圆顺。

（3）整理出裙子前片轮廓线，画出裙子纱向线（图6-20）。

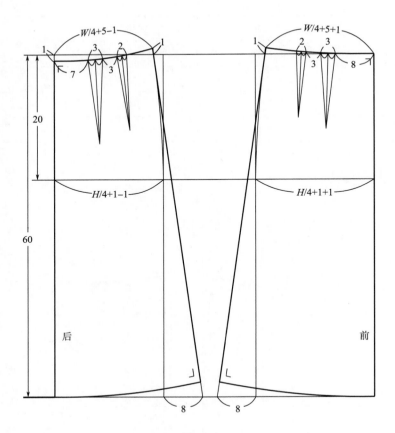

图6-19

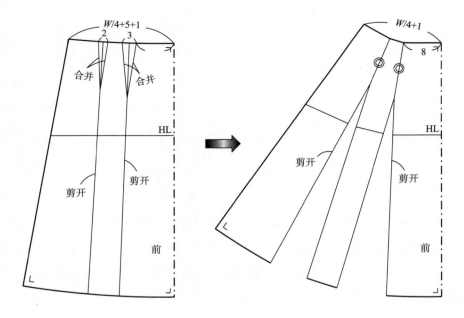

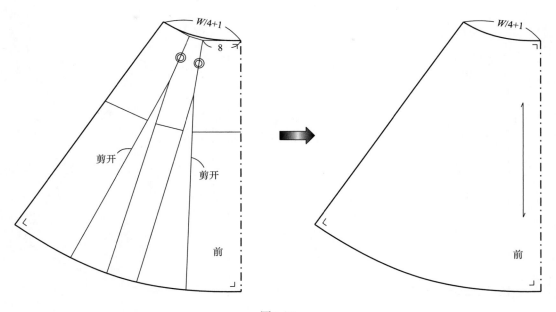

图6-20

4. 裙子后片纸样省位闭合

（1）后腰省中心线向下延长至裙子底边，将省位以下的部分剪开。

（2）把腰围线与底边线修正圆顺。

（3）整理裙子后片轮廓线，画出纱向线（图6-21）。

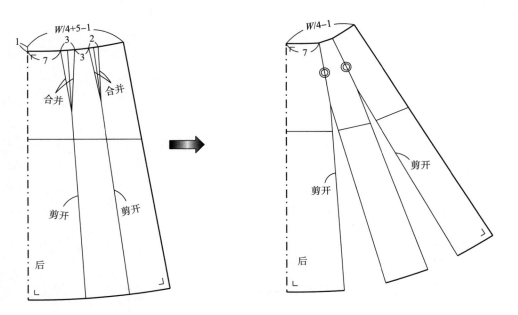

图6-21

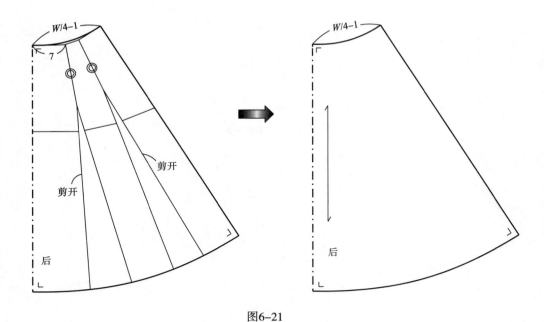

图6-21

四、波浪裙裁片图

下摆幅度较大的裙子底边缝份预留1cm即可，这样的裙子折边越宽底边的效果反而不好，不平整，如图6-22所示。

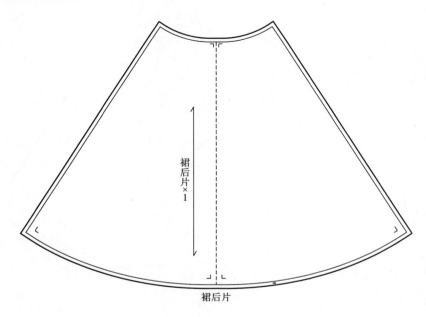

裙后片

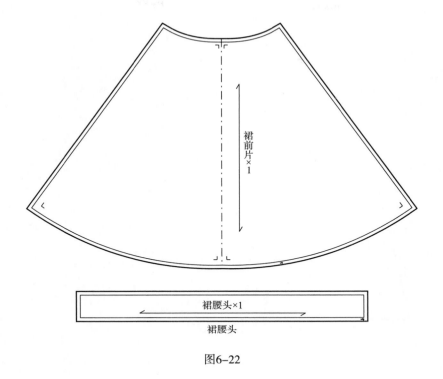

图6-22

第四节 圆台裙

圆台裙是角度最大的斜裙，分 180° 圆台裙（也称半圆台裙）和 360° 圆台裙（也称全圆台裙）。圆台裙腰部没有收省，除腰围与人体吻合，裙子臀围与下摆围尺寸都与身体有较大的空间量。180° 圆台裙，分前、后两个结构片，每片的腰弧长度是 1/2 腰围；360° 圆台裙，是四个结构片，每片的腰弧长度是 1/4 腰围。圆台裙的面料宜采用柔软、轻薄的材料，这样裙子的垂感会更好些。

本节分别介绍 180° 圆台裙、360° 圆台裙以及手帕裙。

一、180° 圆台裙

（一）款式分析

180° 圆台裙前后共两个结构片，每个结构片对应的角度是 90°，每片的腰弧线长度是 W/2，如图 6-23 所示。

图6-23

（二）规格设计

规格设计见表6-4，示例规格 160/84A。

表6-4　规格设计表 单位：cm

部位	净尺寸	成品尺寸	放松量
裙长L	53（不含裙腰头）	56	—
腰围W	65	66	1
臀围H	90	—	—
裙腰头高	—	3	—

（三）制图步骤与方法

1. 绘制基础裙片

（1）画互相垂直的两条边。

（2）以 $W/3.14$ 为半径画 $W/2$（1/2 腰长弧线）。

（3）以 $W/3.14+53cm$ 为半径画裙底边线（图6-24）。

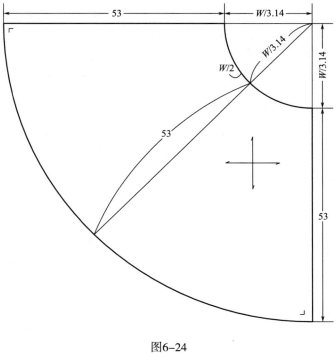

图6-24

2. 完善前、后裙片

由于前、后中心线处是正斜丝，会造成中心线位置的裙长线长于侧缝位置的裙长线，所以在中心线底边处减去2cm（图6-25）。

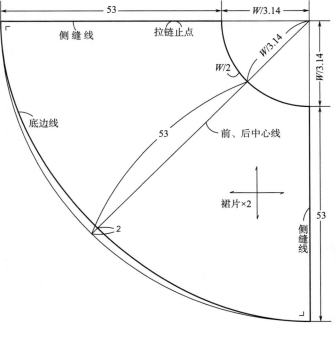

图6-25

3. 画裙腰头

腰头长度是腰围 66cm 加搭门量 3cm（图 6-26）。

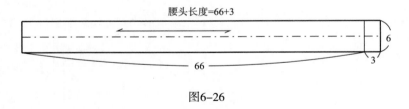

图6-26

（四）180° 圆台裙裁片图

净样板加缝份，如图 6-27 所示。

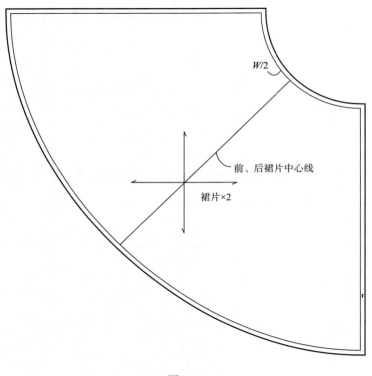

图6-27

二、360° 圆台裙

（一）款式分析

全圆台裙是 360° 的裙片，裙片共四个结构片，每一片腰弧线长度是 W/4（1/4 腰围），如图 6-28 所示。

（二）制图步骤与方法

绘制基础裙片，如图 6-29 所示。

图6-28

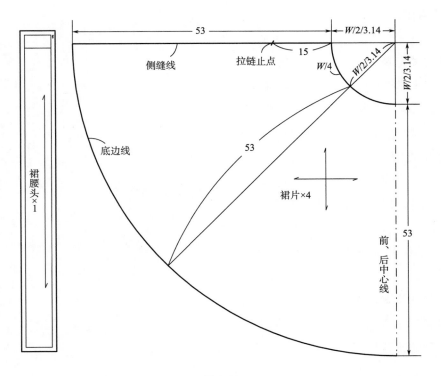

图6-29

（三）360° 圆台裙裁片图

净样板加缝份，如图 6-30 所示。

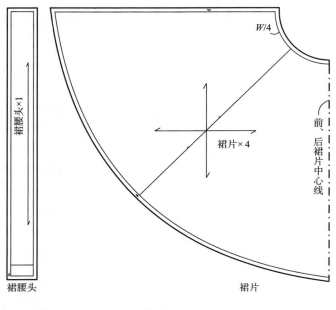

图6-30

三、手帕裙

（一）款式分析

手帕裙按裙型构成可分为单片斜裙和多片斜裙。单片斜裙又称圆台手帕裙，是将一块幅宽与长度等同的面料，在中央挖剪出腰围洞的裙，宜选用软薄面料裁制。多片斜裙由两片以上的扇形面料纵向拼接构成。通常以片数命名，有两片斜裙、4 片斜裙、8 片斜裙等。这里介绍的手帕裙是单片手帕裙，如图 6-31 所示。

（二）制图步骤与方法

绘制裙腰头与裁片，如图 6-32 所示。

（三）手帕裙裁片图

净样板放缝份，如图 6-33 所示。

图6-31

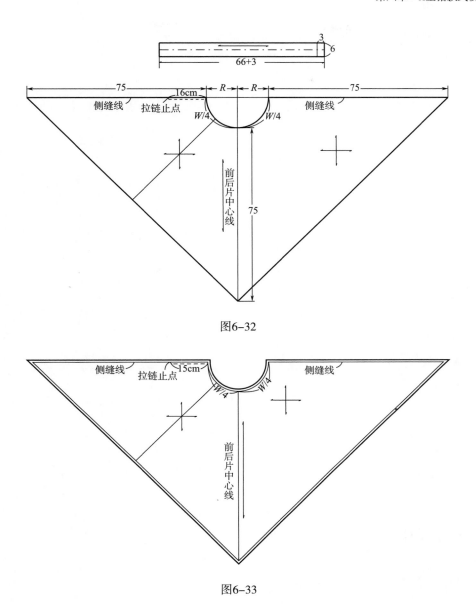

图6-32

图6-33

第五节　八片裙

一、款式分析

八片裙是由八片结构的裙片围合成的一种裙型，腰部于腹部之间较服帖于人体，在下摆的每条结构线处都加放了一定的撒量，使裙摆飘逸浪漫，如图 6-34 所示。

图6-34

二、规格设计

规格设计见表 6-5，示例规格 160/84A。

表6-5　规格设计表　　　　　　　　　　　　单位：cm

部位	净尺寸	成品尺寸	放松量
裙长 L	80	83	—
腰围 W	71	72	1
臀围 H	90	可忽略	—
裙腰头高	—	3	—

三、制图步骤与方法

1. 画制图辅助线

分别画出腰围线（WL）、臀围线（HL）、底边线（图6–35）。

2. 裙片绘制

（1）在 HL 线上，以中心线为中点，量取（$H+22$）/8，并过臀端点作垂线，分别相交于 WL、HL、底边线。

（2）在 WL 线上，以中线为中点，量取 $W/8$（1/8 腰围），并分别连接两边腰端点与臀端点。

（3）在臀端点垂线与底边线相交处，分别向两边量取 8cm，并分别通过此底边端点与臀端点连接。

（4）将臀端点与底边的连接线分三份，定点下 1/3 处（图6–36）。

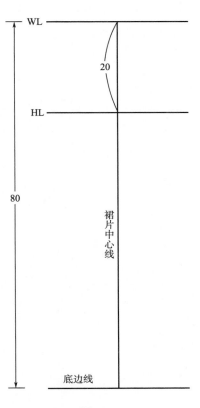

图6–35

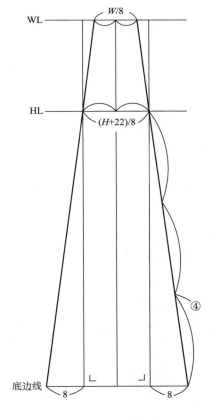

图6–36

3. 绘制裙片轮廓线

（1）在两侧用弧线连接腰端点与臀端点。

（2）在臀围以下侧缝线 1/3 处进 1cm，连接弧线。

（3）腰端点起翘 0.5cm，画腰弧线。

（4）底边处起翘 1.5cm，画底边弧线（图 6-37）。

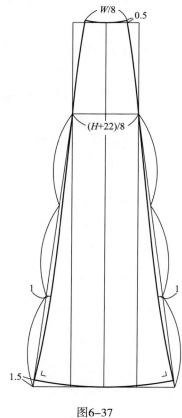

图6-37

4. 画裙腰头（图 6-38）

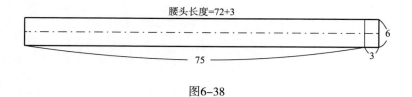

图6-38

四、八片裙裁片图

净样板放缝份，如图 6-39 所示。

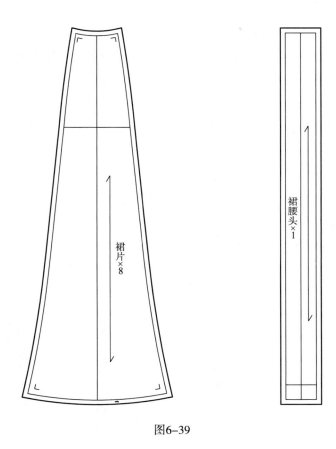

图6-39

第六节　塔层裙

　　塔层裙是深受广大年轻女性喜爱的一种裙型，由于裙摆围度较大，具有活泼可爱、便于行动等特点。本文介绍的塔层裙的裙腰是松紧式的，再配以与面料同材质的系腰绳，更增添了易于穿脱、安全性牢靠的特点。

　　松紧型裙腰的裙子，在裙腰头部位的尺寸一定要大于臀部的紧身围，这样才能自如地穿脱。塔层裙的制图是相对比较简单的，只要认真揣摩书中介绍的制图规律，就可以举一反三，掌握好塔层裙的制图方法。

一、五层塔裙

（一）款式分析

五层塔裙裙身较长，分五个断面，围度上逐层按比例加大，给人以身材修长、亭亭玉立的视觉效果，风格优雅（图6-40）。

图6-40

（二）规格设计

规格设计见表6-6，示例规格160/84A。

表6-6　规格设计表

单位：cm

部位	净尺寸	成品尺寸	放松量
裙长L	80	86	—
腰围W	69	松紧腰	—
臀围H	90	可忽略	—
腰头高	—	6	—

（三）制图步骤与方法

这里要明确的是，下一层加入裙褶量的规律是上一层宽度的1/3量，而每一层裙片的长度是上层的长度增加 2cm 为递进。前、后片制图一致，如图 6-41 所示。

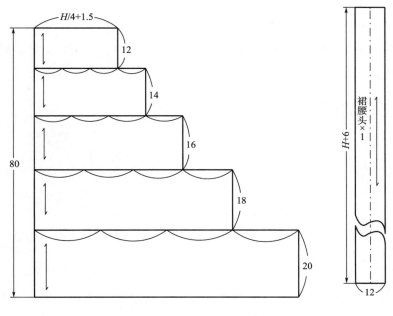

图6-41

（四）五层塔裙裁片图

净样板放缝份，如图 6-42 所示。

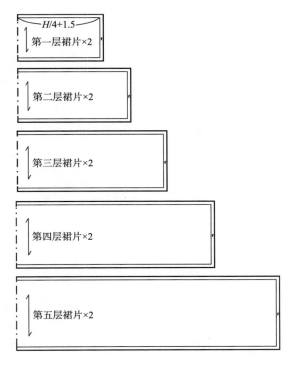

图6-42

二、三层塔裙

（一）款式分析

三层塔裙每一层高度尺寸的设定，可根据裙子预定尺寸进行每层高度分配设计，但要注意比例恰当、美观，如图 6-43 所示。

图6-43

（二）规格设计

规格设计见表 6-7，示例规格 160/84A。

表6-7　规格设计表　　　　　　　　　　　　　　单位：cm

部位	净尺寸	成品尺寸	放松量
裙长L（WL-底边）	65（不含裙腰头）	71	—
腰围W	69	松紧腰	—
臀围H	90	可忽略	—
裙腰头宽	—	6	

（三）制图步骤与方法

绘制塔裙裙片，如图 6-44 所示。

第二层与第三层围度设计按照上层的宽度，以不同的比例增加，如图所示进行制图。

（四）三层塔裙裁片图

净样板放缝份，如图 6-45 所示。

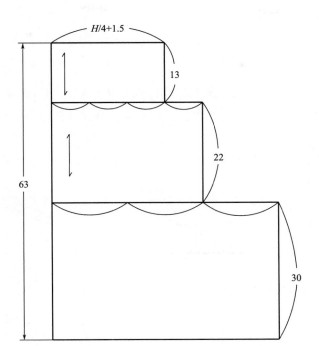

图6-44

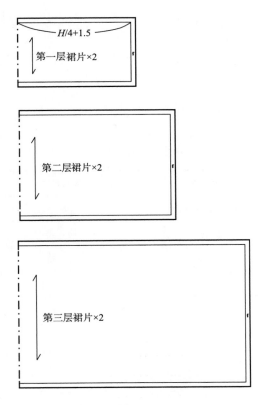

图6-45

三、二层塔裙

（一）款式分析

二层塔裙腰头下面只有两段直丝面料，第一层面料较短，同裙腰头一起用松紧带形成细褶，第二层比例较大、面料较长，上部抽碎褶后与上层连接（图6-46）。

图6-46

（二）规格设计

规格设计见表6-8，示例规格 160/84A。

表6-8　规格设计表　　　　　　　　　　　　　　　　单位：cm

部位	净尺寸	成品尺寸	放松量
裙长L	60（不含裙腰头）	66	—
腰围W	69	松紧腰	—
臀围H	90	可忽略	—
裙腰头宽	—	6	—

（三）制图步骤与方法

二层裙身制图如图 6-47 所示。

裙腰头制图如图 6-48 所示。

（四）二层塔裙裁片图

净样板加缝份，如图 6-49 所示。

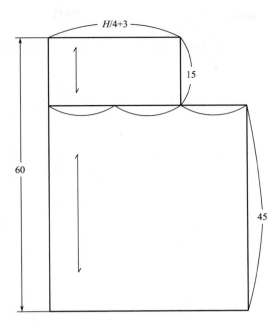

图6-47

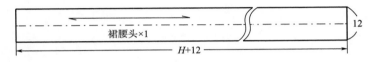

图6-48

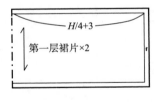

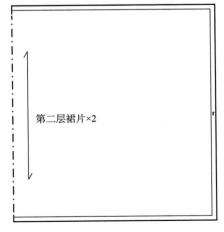

图6-49

思考与练习

请绘制大 A 摆裙、拼片裙、波浪裙、圆台裙、八片裙、塔层裙结构图。

应用与实践——

褶裥裙款式设计

课程名称：褶裥裙款式设计

课程内容：1.单对褶裥裙

2.双对褶裥裙

3.倒褶裥裙

4.碎褶裥裙

5.马面褶裥裙

上课时数：16课时

教学目的：掌握半身裙原型制图方法及基本裙型的制图方法

教学方式：运用 CAD 软件＋投影仪＋多媒体

教学要求：1.了解褶裥裙型款式变化特点。

2.掌握褶裥裙型的结构图绘制方法。

课前（后）准备：

1.教师准备若干种不同结构变化的褶裥裙制图。

2.学生提前观察几款不同结构的褶裥裙。

第七章　褶裥裙款式设计

　　褶与裥是同一个意思，释义为经折叠而留下的痕迹，是悬垂的叠缝装饰。褶裥是服装造型中的重要方法之一，其可以使服装款式造型富于变化，增加层次感和体积感。根据造型需要，使衣片适合于人体，并给人体以较大的宽松量，又能做更多附加的装饰性造型，增强服装的艺术效果。褶裥一般由三层面料组成：外层、中层和里层，外层是折褶在衣片上外露的部分，褶裥的两条边分别称为明折边和暗折边。

　　褶裥裙通常在臀围以上部位为收拢缉缝的裥，臀围线以下为烫出的活褶。折褶裥的方式有：对褶裥、顺褶裥、抽褶裥、风琴褶裥、伞褶裥等。

　　本章介绍的褶裙有：单对褶裥裙、双对褶裥裙、倒褶裥裙、碎褶裥裙、马面褶裥裙等具有代表性的褶裥裙型。

第一节　单对褶裥裙

一、款式分析

　　此款是在裙前片中心线位置做一个大对褶裥的裙型，腰部与上裆部位之间对褶缉线缝合后，腰部到腹部之间造型较为修身，缝止点以下，经熨烫后留痕并自然散开，简洁大方、温婉得体。此款裙型流行于20世纪七八十年代，是一款经典的女装裙型，在当下看很有复古感，如图7-1所示。

图7-1

二、规格设计

规格设计见表7-1，示例规格160/84A。

表7-1　规格设计表
单位：cm

部位	净尺寸	成品尺寸	放松量
裙长L	55（不含裙腰头高）	57.5	—
腰围W	69	70	1
臀围H	90	94	4
裙腰头高	—	2.5	—

三、制图步骤与方法

1. 按照尺寸绘制基础裙型（图7-2）

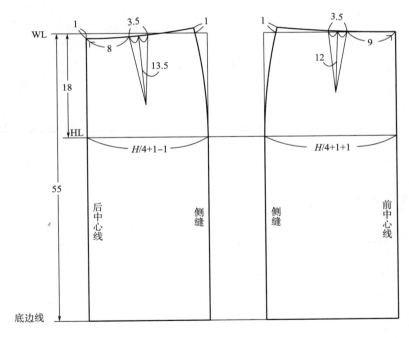

图7-2

2. 画轮廓线

（1）在中心线向外画出12cm活褶量，整个活褶量为24cm。

（2）在侧缝辅助线底边处向外量取3cm，与腰端点到臀端点的弧线连接一条顺畅的侧缝线。

（3）在侧缝线底边处起翘 1cm 画裙底边弧线。

（4）由臀围线向上量取 3cm，为拉链止点位置（图 7-3）。

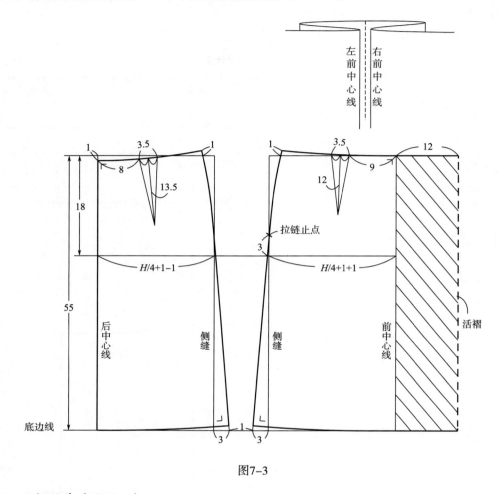

图7-3

3. 画裙腰头（图 7-4）

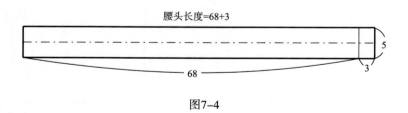

图7-4

四、单对褶裥裙裁片图

净样板放缝份，如图 7-5 所示。

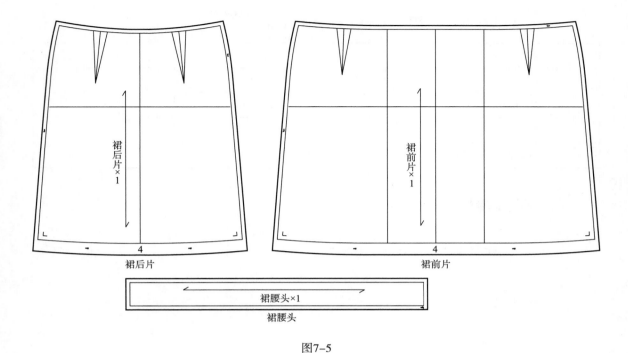

裙后片

裙前片

裙腰头

图7-5

第二节　双对褶裥裙

一、款式分析

　　此款裙型在裙子左、右两边各做出一个对褶裥，命名为双对褶裥裙，指的是前、后裙片各有两个对褶裥。腰部与腹部之间修身处理，整个裙子共增加两对褶裥，不但加大了活动量，更增添了活泼、律动的视觉效果，如图 7-6 所示。

二、规格设计

　　规格设计见表 7-2，示例规格 160/84A。

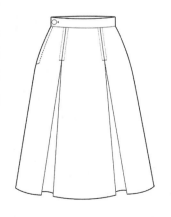

图7-6

表7-2　规格设计表　　　　　　　　　　　　　　　　　单位：cm

部位	净尺寸	成品尺寸	放松量
裙长L	55	57.5	—
腰围W	67	68	1
臀围H	90	94	4
裙腰头宽	—	2.5	—

三、制图步骤与方法

1. 按照人体尺寸画出基础裙原型（图7-7）

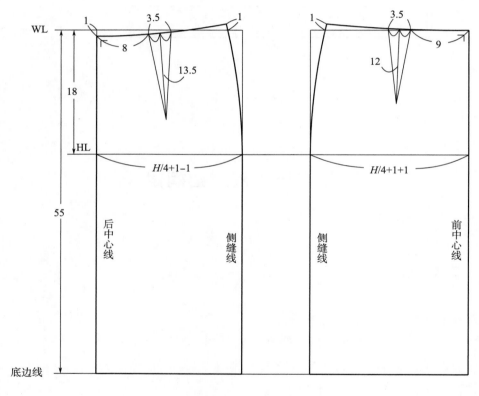

图7-7

2. 在裙原型基础上画出A型裙廓型

（1）分别在前、后片底边侧缝处向外扩大3cm下摆宽，并起翘1cm画出圆顺的底边线。

（2）分别将腰省中线延长至底边线处（图7-8）。

3. 画出裙子活褶大小与位置

（1）在前、后裙片结构线处量出14cm的活褶量，在腰围线上14cm（活褶量）+3.5（裙省量）定出腰围结构。

（2）修正腰围到臀围的结构线，将结构线画顺滑（图7-9）。

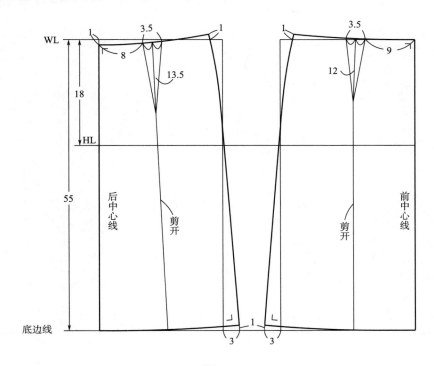

图7-8

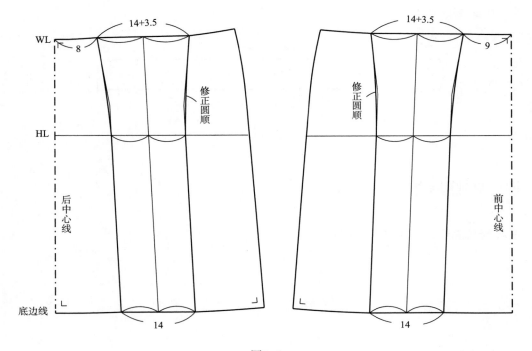

图7-9

4. 整理裙子活褶、确定省位缝合点（图 7–10）

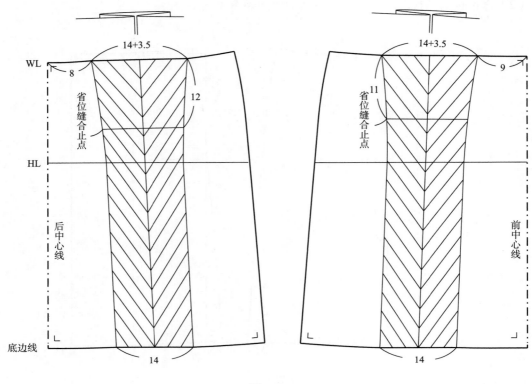

图7–10

5. 画裙腰头（图 7–11）

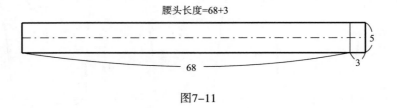

图7–11

四、双对褶裥裙裁片图

净样板放缝份，如图 7–12 所示。

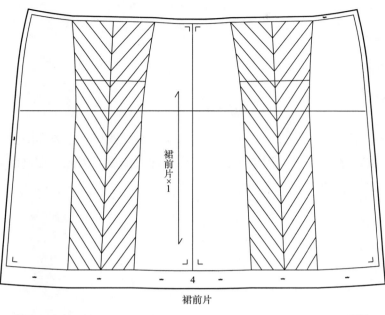

裙前片

裙后片

裙腰头

图7–12

第三节　倒褶裥裙

一、款式分析

倒褶裙在前、后裙片分别添加若干个等量褶裥，并且按照一个方向熨倒，由于裙子加上了多个褶裥，使裙子臀与底边的围度远大于人体臀部的围度。因此，在制图时主要依据腰围尺寸和裙长尺寸即可，如图 7-13 所示。

图7-13

二、规格设计

规格设计见表 7-3，示例规格 160/84A。

表7-3　规格设计表　　　　　　　　　　　　　　　　单位：cm

部位	净尺寸	成品尺寸	放松量
裙长L	55	58	—
腰围W	67	68	1
臀围H	90	94	4
裙腰头高	—	3	—

三、制图步骤与方法

1. 确定前、后裙片的制图尺寸

由于加入了很大的折褶量前、后裙片制图尺寸相同即可。

（1）画裙片腰围基础线：裙前、后片分别加入 7 个褶裥，每个褶裥为 7cm，腰基础线长度为 $W/2+7$（省量）×7 。

（2）确定裙长：裙长度 55cm，不含腰头。

（3）画裙片侧缝线：两侧再加 3.5cm，这样可以在裙子的侧缝处也做出褶裥，使裙子的造型更加美观（图 7-14 ）。

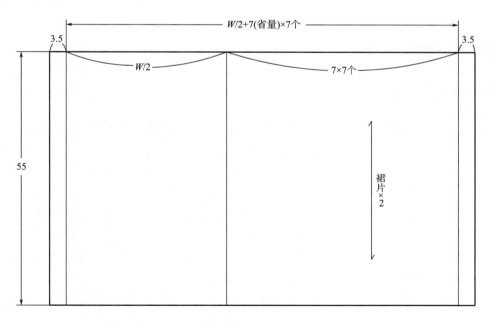

图7-14

2. 画出褶裥的位置

（1）将 $W/2$ 分成 8 份，按照示例尺寸计算为 4.25cm，两份之间是 7cm 褶量。

（2）在两侧缝处再画出 3.5cm（褶量一半）褶量（图 7-15 ）。

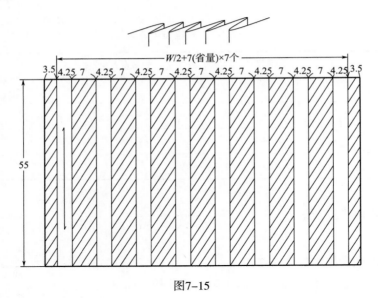

图7-15

3. 画裙腰头（图7-16）

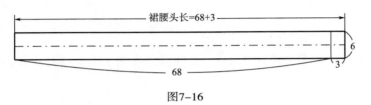

图7-16

四、倒褶裥裙裁片图

净样板加缝份，如图7-17所示。

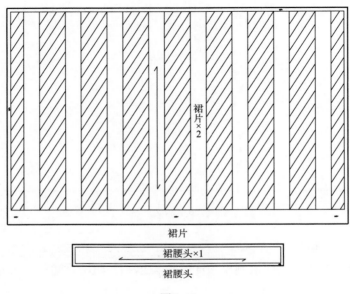

图7-17

第四节　碎褶裥裙

一、款式分析

碎褶的制作方法很简单，最好的方法就是用大针码在要抽褶的部位机缝，然后拽底线，同时抽布料，这样做出的碎褶均匀美观。碎褶裙与倒褶裙一样，在制图时，同样不用考虑臀围的尺寸，因为腰部加上的褶量宽度足够穿着者腰身以下的空间活动量。如图7–18所示。

图7–18

二、规格设计

规格设计见表7–4，示例规格160/84A。

表7-4　规格设计表　　　　　　　　　　　　　　　　　　单位：cm

部位	净尺寸	成品尺寸	放松量
裙长L	55（不含裙腰头）	58	—
腰围W	67	68	1
臀围H	90	94	4
裙腰头高	—	3	—

三、制图步骤与方法

1. 画出裙片的基础图形

（1）裙片腰部基础线长度为 $W/2+W/2$（褶量）$+W/4$（褶量）。

（2）裙长 65cm，不含裙腰头（图 7-19）。

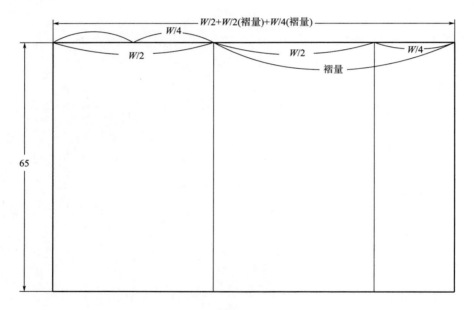

图7-19

2. 整理制图

（1）确定裙片中心线位置。

（2）确定拉链位置（图 7-20）。

3. 裙腰头制图（图 7-21）

四、碎褶裥裙裁片图

净样板加缝份，如图 7-22 所示。

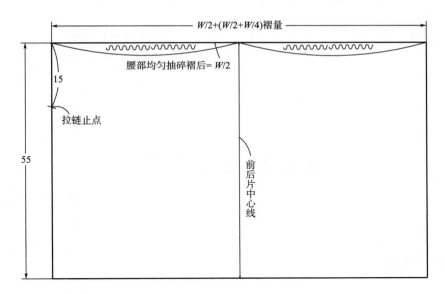

图7-20

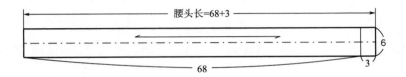

图7-21

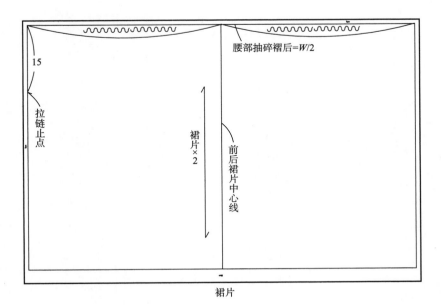

图7-22

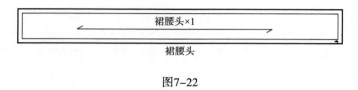

裙腰头

图7-22

第五节　马面褶裥裙

一、款式分析

此款褶裥裙的形式类似马面褶，称为马面褶裥裙，由于又在打褶的腰臀之间机缝固定，形成流畅的褶线，因此也可称为塔克褶裙。

此款裙的褶裥参照马面裙的形式，在裙子前、后裙片中间留出裙门位置，并在其两侧向外方向做折褶，并由腰向下缉 10 ~ 12cm 明线固定，剩余褶长熨烫后留痕并自然散开，如图 7-23 所示。

图7-23

二、规格设计

规格设计见表7-5，示例规格160/84A。

表7-5　规格设计表 单位：cm

部位	净尺寸	成品尺寸	放松量
裙长L	55（不含裙腰头）	58	—
腰围W	67	68	1
臀围H	90	94	4
裙腰头宽	—	3	—

三、制图步骤与方法

1. 根据规格尺寸制作基础裙原型（图7-24）

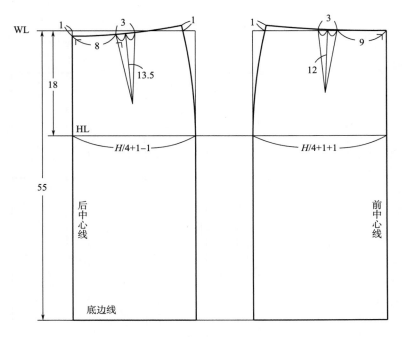

图7-24

2. 在原型基础上，绘制出A型裙（图7-25）

3. 设计裙褶的位置

前片第一个褶，距离前中心线10cm，之后各褶间距4cm。后片第一个褶，距离后中心线9cm，之后各褶间距4cm（图7-26）。

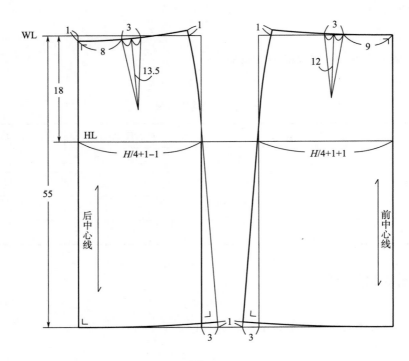

图7-25

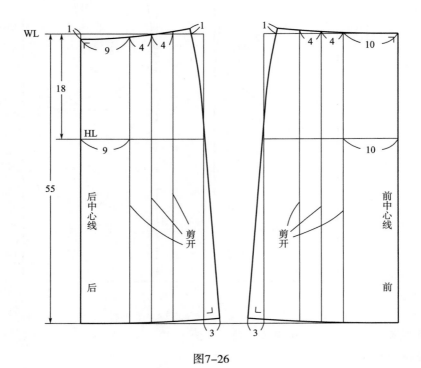

图7-26

4. 画出腰部与臀围褶量大小

（1）由于裙子腰围与臀围之间有 3cm 腰省，所以在做褶裥时，每个褶裥在腰部是 8cm。

前片第一个褶裥距离前中心线 9.5cm、褶量大是 8cm，间隔 3cm，臀围与底边是 7cm 褶量。这样腰省的量就隐藏在腰部褶量之中了。

（2）从腰部 8cm 褶两端向臀围线褶量处做顺滑的弧线。

（3）确定拉链位置（图 7-27）。

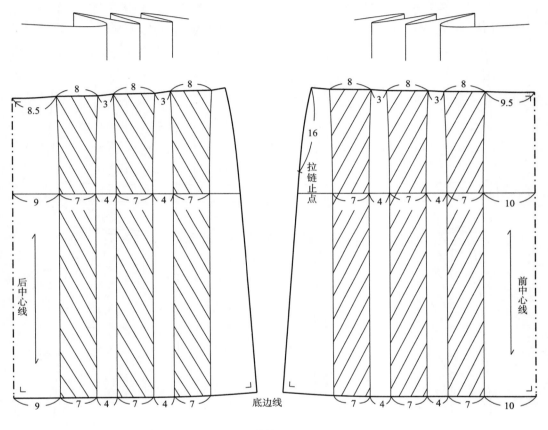

图7-27

5. 画裙腰头（图 7-28）

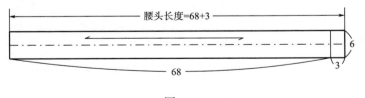

图7-28

四、马面褶裥裙裁片图

净样板放缝份，如图 7-29 所示。

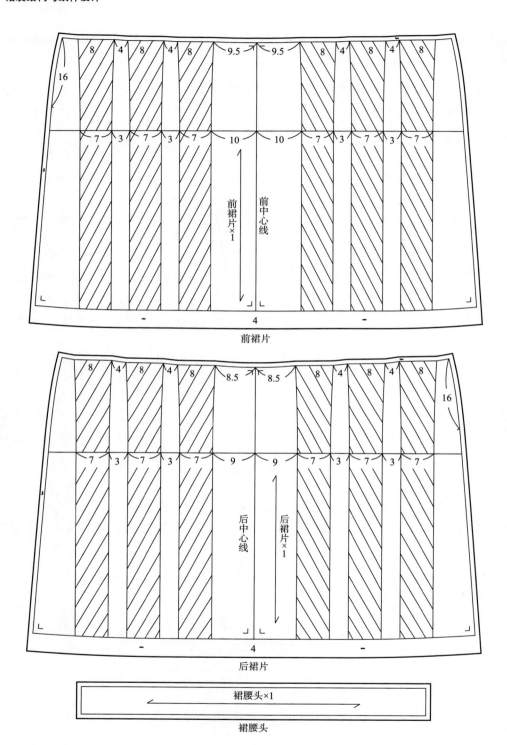

图7-29

思考与练习

请绘制单对褶裥裙、双对褶裥裙、倒褶裥裙、碎褶裥裙、马面褶裥裙结构制图。

应用与实践——

育克裙款式设计

课程名称：育克裙款式设计

课程内容：1.育克碎褶裥裙

2.育克对褶裥裙

3.育克倒褶裥裙

4.育克马面褶裥裙

5.育克圆台裙

上课时数：10课时

教学目的：掌握半身裙原型制图方法及基本裙型的制图方法

教学方式：运用 CAD 软件＋投影仪＋多媒体

教学要求：1.掌握育克裙款式设计特点。

2.掌握不同构成方式的育克裙制图方法。

课前（后）准备：

1.教师准备五款不同结构变化的育克裙制图。

2.学生提前观察几款不同结构的育克裙。

第八章　育克裙款式设计

　　育克裙也可称为约克裙，在腰线以下约 12cm 位置做横向开剪结构线，并且把腰到臀之间的省道，通过转移的方法把省量转移到开剪结构处，腰与臀部之间，虽然没有省道，但依然可以与人体服帖且修身，同时育克设计也增加了裙装的结构变化。这里介绍几款与育克结合的经典裙型的结构设计。

第一节　育克碎褶裥裙

一、款式分析

　　在育克结构线下连接的裙子部分，抽出细细的不规则的细褶设计，右侧缝放置拉链，如图 8-1 所示。

二、规格设计

　　规格设计见表 8-1，示例规格 160/84A。

图8-1

表8-1 规格设计表 单位：cm

部位	净尺寸	成品尺寸	放松量
裙长L	60（不含裙腰头）	63	—
腰围W	69	70	—
臀围H	90	94	4
裙腰头高	—	3	—

三、制图步骤与方法

1. 按照尺寸画出A型裙轮廓线（图8-2）

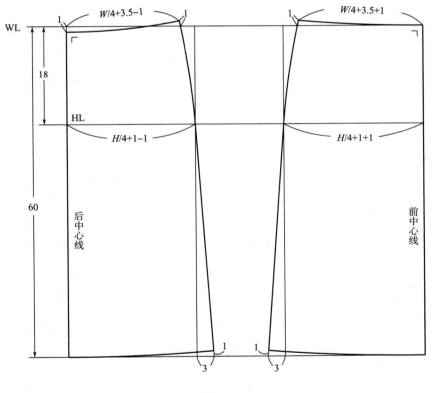

图8-2

2. 设计出育克开剪线位置并画出腰省

（1）从腰围基础线向下量取12cm，作为育克结构线开剪位置。

（2）画出前、后片腰省，省尖顶点相交到开剪线处（图8-3）。

3. 绘制育克结构线

前、后片结构线在侧缝处起翘1cm。开剪育克结构线，为省位合并做准备（图8-4）。

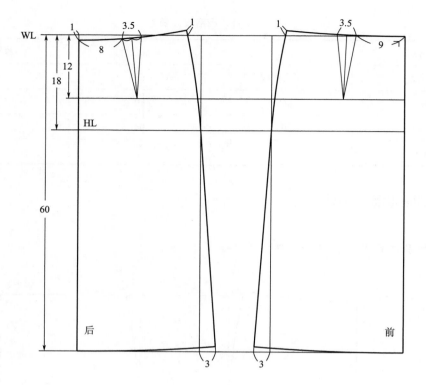

图8-3

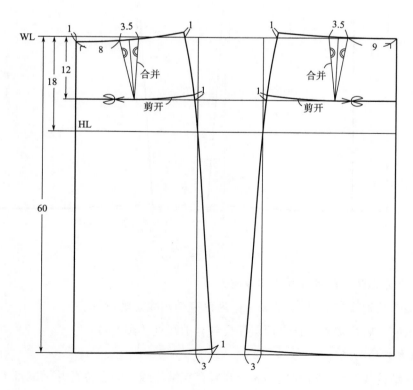

图8-4

4. **碎褶设计**

（1）育克结构线以上合并前、后片省道。

（2）育克结构线以下裙片，在前、后中心线处加 1/2 量，作为碎褶量。

（3）在工艺制作中，将裙片均匀地抽取出碎褶，抽褶后长度与育克结构线相同（图 8-5）。

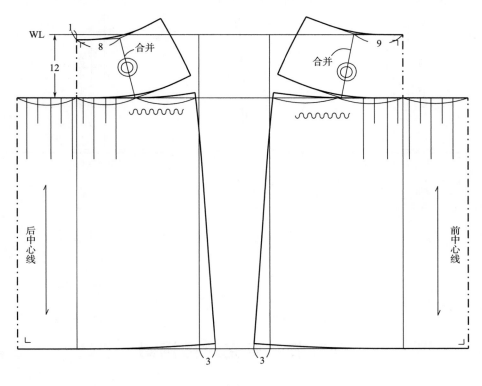

图8-5

5. **画裙腰头**

（1）成衣裙腰围 70cm，裙腰头搭门量是 3cm，裁剪裙腰头面料的长度是 73cm。

（2）裙腰头宽 3cm，腰头是双层，裁剪裙腰头面料的宽度是 6cm（图 8-6）。

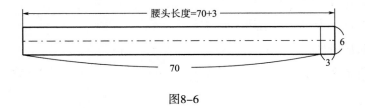

图8-6

四、育克+碎褶裥裙裁片图

净样板放缝份，如图 8-7 所示。

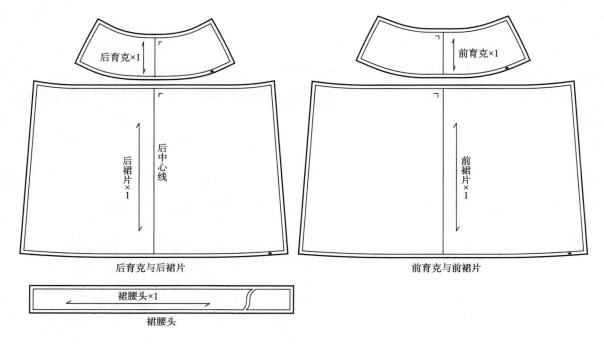

后育克与后裙片　　　　　　　前育克与前裙片

裙腰头

图8-7

第二节　育克对褶裥裙

一、款式分析

　　育克对褶裙是在育克结构开剪线下连接裙片左、右各一个对褶裥的裙子造型,后片与前片造型相同。右侧缝放置拉链。如图 8-8 所示。

二、规格设计

　　规格设计见表 8-2,示例规格160/84A。

图8-8

表8-2 规格设计表

单位：cm

部位	净尺寸	成品尺寸	放松量
裙长L	57	60	—
腰围W	69	70	1
臀围H	90	94	4
裙腰头高	—	3	—

三、制图步骤与方法

1. 按照尺寸先画出A型裙轮廓线（图8-9）

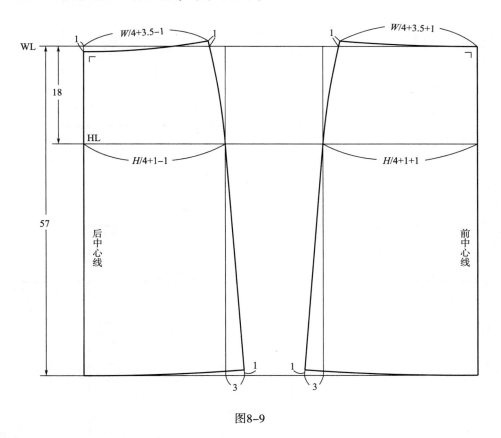

图8-9

2. 设计出育克开剪线位置并画出腰省

（1）从腰围基础线向下量取12cm，作为育克结构线开剪位置。

（2）画出前、后片腰省，省尖顶点相交到开剪线处（图8-10）。

3. 合并省量，增加褶裥量

（1）合并前、后育克上省量，使省量隐藏在育克部分，这样处理虽然没有省位，但是育克还是可以很服帖地包裹于身体之上。

（2）开剪育克结构线以下的裙子前、后片中心线部分，加 14cm 的褶裥量（图 8-11）。

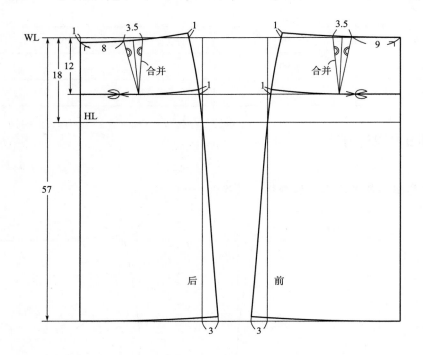

图8-10

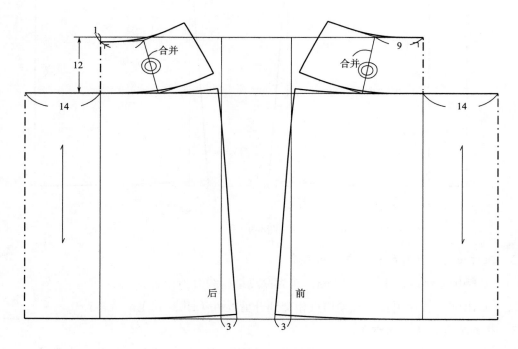

图8-11

4. 确定前、后片的褶裥位置（图8-12）

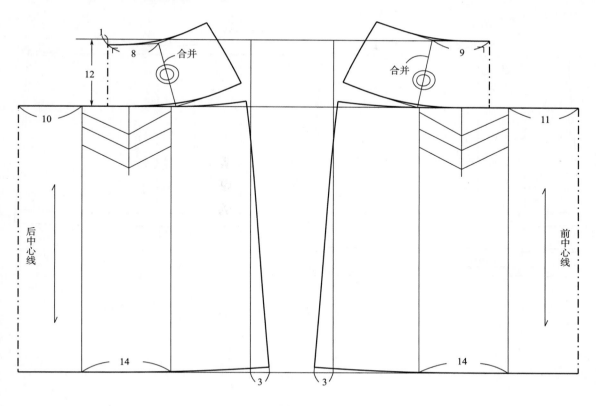

图8-12

5. 画裙腰头

（1）成衣裙腰围 70cm，裙腰头搭门量是 3cm，裁剪裙腰面料的长度是 73cm。

（2）裙腰头宽 3cm，腰头是双层，裁剪裙腰头面料的宽度是 6cm（图 8-13）。

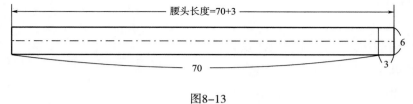

图8-13

四、育克对褶裥裙裁片图

净样板加缝份，如图 8-14 所示。

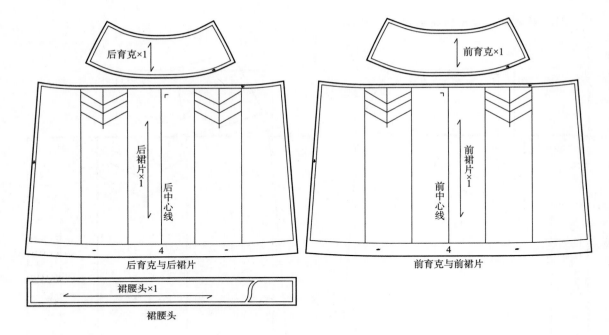

图8-14

第三节　育克倒褶裥裙

一、款式分析

在育克结构的裙片上做褶裥倒褶设计，款式为前、后裙片各7个倒褶，在倒褶裙上做育克设计，即可保持倒褶裙活泼俏皮的特点，腰部又可平复贴体。如图8-15所示。

二、规格设计

规格设计见表8-3，示例规格160/84A。

图8-15

表8-3　规格设计表 单位：cm

部位	净尺寸	成品尺寸	放松量
裙长L	60	63	—
腰围W	69	70	1
臀围H	90	94	4
腰头高	—	3	—

三、制图步骤与方法

1. 按照测量尺寸制作出 A 型裙结构造型（图 8-16）

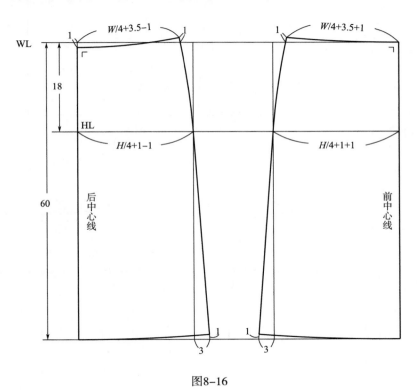

图8-16

2. 育克设计

（1）由腰围基础线向下量取 12cm，确定育克位置，并且在侧缝处起翘 1cm。

（2）沿育克开剪线剪开，将育克与裙片分开进行结构调整（图 8-17）。

3. 裙片设计

（1）合并育克省位，这样处理的好处是，裁剪面料时没有省位，但却会非常贴体。

（2）将前、后裙片平均分成 4 份，画出分割线。

（3）在前、后裙片中心线处加 4cm 褶裥量，其展开后就是 8cm，此为裙片中心褶裥

（图 8–18）。

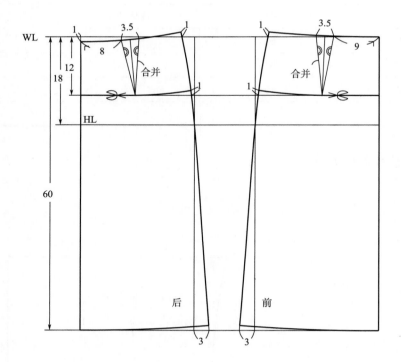

图8–17

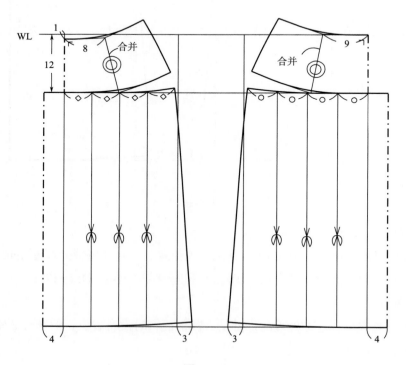

图8–18

4. 裙前片加入褶裥

展开裙子前片，在裙片分割线处加入 8cm 褶裥量，裙片左、右各 3 个褶裥，再加上中间褶裥，前片共 7 个褶裥（图 8-19）。

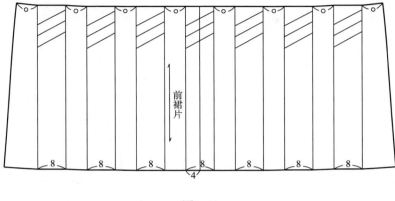

图8-19

5. 画裙腰头

（1）成衣裙腰围 70cm，裙腰头搭门量是 3cm，裁剪裙腰头面料的长度是 73cm。

（2）裙腰头宽 3cm，腰头是双层，裁剪裙腰头面料的宽度是 6cm（图 8-20）。

图8-20

6. 裙后片加入褶裥

展开裙子后片，在裙片分割线处加入 8cm 褶裥量，裙片左、右各 3 个褶裥，再加上中间褶裥，后片也是 7 个褶裥（图 8-21）。

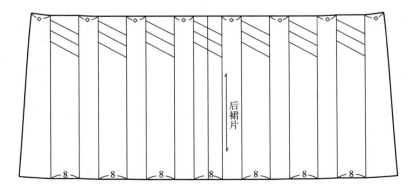

图8-21

四、育克倒褶裥裙裁片图

净样板加缝份，如图 8-22 所示。

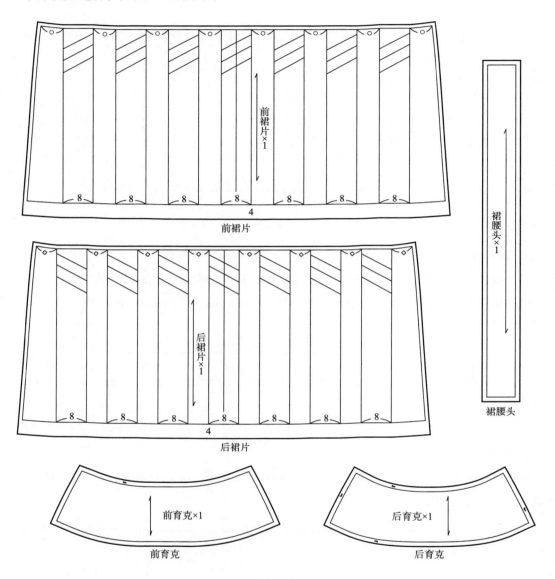

图8-22

第四节　育克马面褶裥裙

一、款式分析

育克马面褶裥裙是在育克结构开剪线下连接裙片左、右各 3 个向侧缝方向折叠的倒褶的裙型，后片与前片造型相同，右侧缝放置拉链，如图 8-23 所示。

图8-23

二、规格设计

规格设计见表 8-4，示例规格 160/84A。

表8-4　规格设计表

单位：cm

部位	净尺寸	成品尺寸	放松量
裙长L	63.5	63.5	—
腰围W	69	70	1
臀围H	90	94	4
裙腰头高	—	3	—

三、制图步骤与方法

1. 按照测量尺寸制作出 A 型裙结构造型（图 8-24）

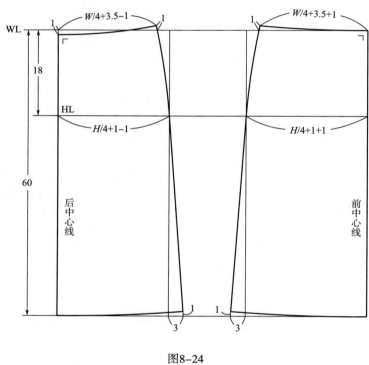

图8-24

2. 育克设计

（1）由腰围基础线向下量取 12cm，确定育克位置，并且在侧缝处起翘 1cm。

（2）沿育克开剪线剪开，将育克与裙片分开进行结构调整（图 8-25）。

3. 裙片设计

（1）合并育克省位，这样处理的好处是，裁剪面料时没有省位，但却会非常贴体。

（2）在前、后裙片中心线处加 24cm 褶裥量（图 8-26）。

4. 确定前、后裙片褶裥位置

这里需要注意的是，中心线两侧褶裥的方向是向外折叠，这样可以很好地显示出前、后裙片门口。裙子前、后片中间留出裙门位置，左右向侧缝各设 3 个褶裥（图 8-27）。

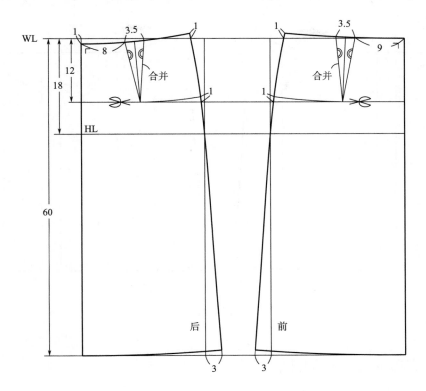

图 8-25

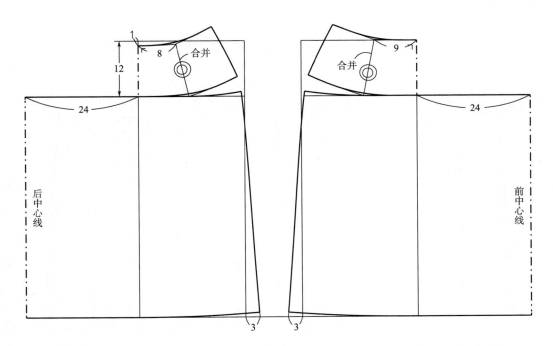

图 8-26

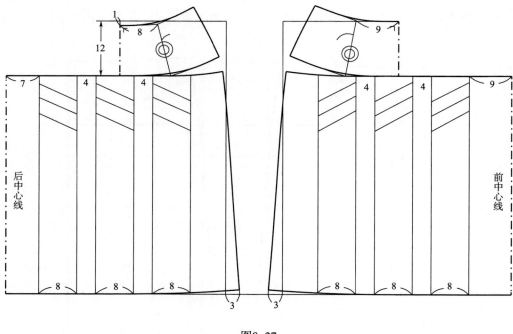

图8-27

四、育克马面褶裥裙裁片图

净样板放缝份，如图 8-28 所示。

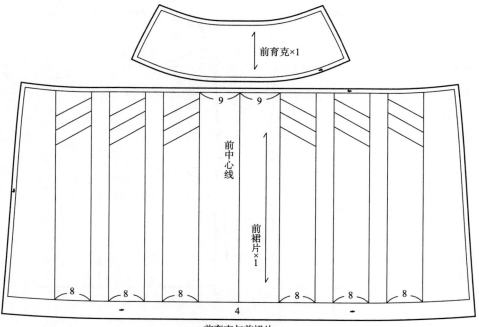

前育克与前裙片

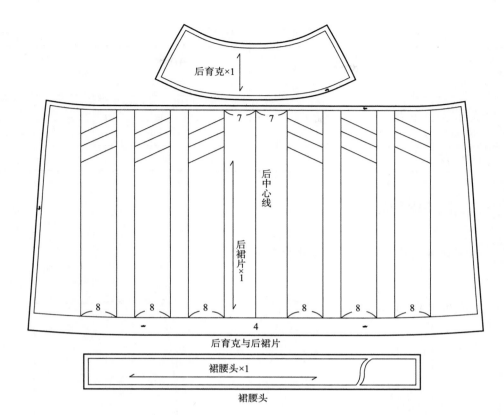

图8-28

第五节 育克圆台裙

一、款式分析

在裙子的前、后育克结构线下连接正斜裙片，如图 8-29 所示。

二、规格设计

规格设计见表 8-5，示例规格 160/84A。

图8-29

表8-5 规格设计表 单位：cm

部位	净尺寸	成品尺寸	放松量
裙长L	63.5	63.5	—
腰围W	69	70	1
臀围H	90	94	4
裙腰头高	—	3	—

三、制图步骤与方法

1. 按照测量尺寸制作出A型裙结构造型（图8-30）

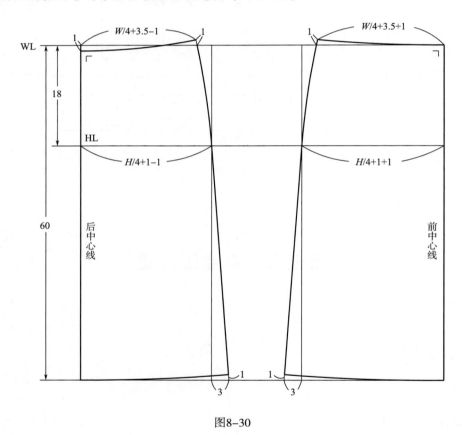

图8-30

2. 育克设计

（1）由腰围基础线向下量取12cm，确定育克位置，并且在侧缝处起翘1cm。

（2）沿育克开剪线剪开，将育克与裙片分开进行结构调整（图8-31）。

3. 合并育克

（1）合并育克省位，这样处理的好处是，裁剪面料时没有省位，但却会非常贴体。

（2）测量前、后育克结构线长度（图8-32）。

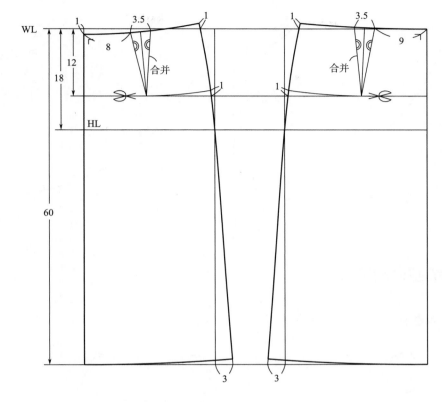

图8-31

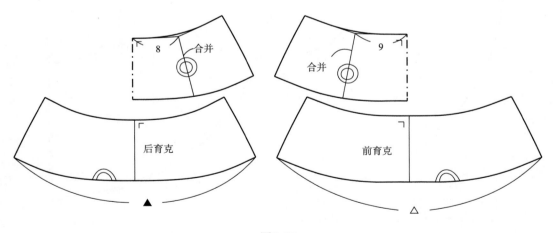

图8-32

4. 裙片圆台绘制

画出育克结构线以下的裙片圆台造型，前、后裙片中心线是45°正斜丝，这样才能有更好的悬垂感（图8-33）。

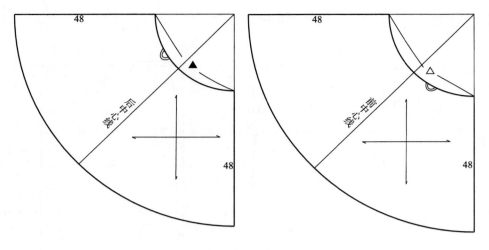

图8-33

四、育克圆台裙裁片图

净样板加缝份，如图 8-34 所示。

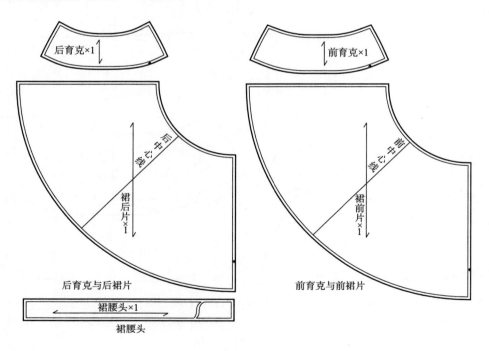

图8-34

思考与练习

绘制育克碎褶裥裙、育克对褶裥裙、育克倒褶裥裙、育克马面褶裥裙、育克圆台裙的结构制图。

应用与实践——

鱼尾裙款式设计

课程名称：鱼尾裙款式设计

课程内容：1. 喇叭裙

2. 长鱼尾裙

3. 螺旋分割裙

4. 双荷叶边裙

上课时数：12 课时

教学目的：掌握半身裙原型制图方法及基本裙型的制图方法

教学方式：运用 CAD 软件＋投影仪＋多媒体

教学要求：1. 掌握鱼尾裙款式设计特点。

2. 掌握不同造型的鱼尾裙制图绘制方法析。

课前（后）准备：

1. 教师准备四款不同结构变化的鱼尾裙制图。

2. 学生提前观察几款不同结构的鱼尾裙变化。

第九章　鱼尾裙款式设计

　　鱼尾裙因其独特的剪裁，能够完美地修饰下半身线条，营造出女人独有的玲珑曲线，展现婀娜多姿的身段，让你举手投足间都充盈着满满的女人味。在此章节里介绍几款具有代表性的鱼尾裙，希望能给夏天带来点不一样的美。

第一节　喇叭裙

一、款式分析

　　喇叭裙也称短鱼尾裙，裙子的底边线长度到膝盖上下，裙子结构前、后片共分8块，不同于8片裙的地方是，其腰部到臀部的造型较贴合身体，下半部分起翘形成均匀的波浪，犹如鱼尾一般灵动。由于裙长尺寸相对较短，活动更方便、造型也相对更显活泼，如图9-1所示。

二、规格设计

　　规格设计见表9-1，示例规格160/84A。

图9-1

表9-1　规格设计表　　　　　　　　　　　　　　　单位：cm

部位	净尺寸	成品尺寸	放松量
裙长L	57（不含裙腰头）	60	—
腰围W	67	68	1
臀围H	90	94	4
裙腰头高	—	3	—

三、制图步骤与方法

1. 画出裙子前、后片基础线，以及轮廓线（图9-2）

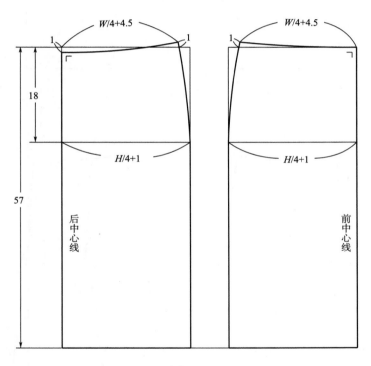

图9-2

2. 确定各裙片结构辅助线

（1）画出前片中心结构辅助线。

（2）取前裙片腰中点、臀宽中点、底边中点，并连接画出前片左、右结构辅助线。

（3）画出后片中心结构辅助线。

（4）取后裙片腰中点、臀宽中点、底边中点，并连接画出后片左、右结构辅助线（图9-3）。

3. 绘制各裙片

确定裙腰省位置以及裙子下摆尺寸，并把裙摆辅助线分成三等份（图9-4）。

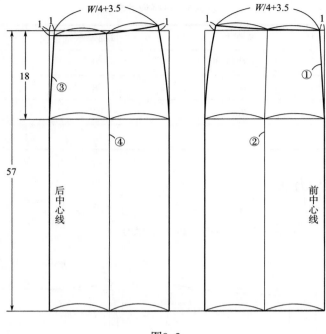

图9-3

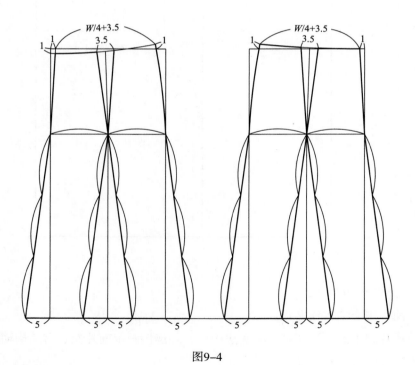

图9-4

4. 绘制裙片最终轮廓线

（1）将臀围以上结构辅助线进行弧线处理，使结构线更符合人体曲线。

（2）把裙摆辅助线下1/3处向里进1.5cm，并进行弧线处理，确定裙摆的轮廓线

（图 9-5）。

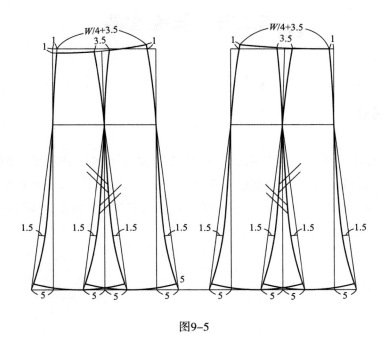

图9-5

四、喇叭裙裁片图

净样板放缝份，如图 9-6 所示。

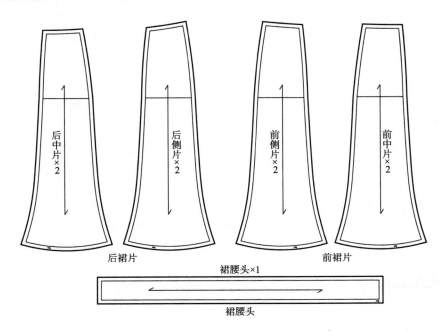

图9-6

第二节　长鱼尾裙

一、款式分析

　　长鱼尾裙裙子的底边长度到小腿肚以下的位置，裙子结构与喇叭裙一样前、后片共分 8 块，从腰部到臀部再到腿部的造型都较为修身，由于裙长尺寸较长，行动没有短款的喇叭裙方便，膝盖以下的，修长的裙型可以衬托出女性独具柔美知性的特质。如图 9-7 所示。

图9-7

二、规格设计

　　规格设计见表 9-2，示例规格 160/84A。

表9-2 规格设计表 单位：cm

部位	净尺寸	成品尺寸	放松量
裙长L（BNP—底边）	80（不含裙腰头）	83	—
腰围W	67	68	1
臀围H	90	94	4
裙腰头高	—	3	—

三、制图步骤与方法

1. 按照规格尺寸制作基础裙型

（1）前、后裙片结构造型一致，不需要有大小片之分。

（2）在腰围线上分别由前、后中心点向侧缝方向量取 W/4+3.5(省量)+1(省量)，如图9-8所示。

2. 确定省位

（1）首先在前、后中心线上，由腰围线向下画出 1cm 省位。

（2）如图由腰围线向下画出 3.5cm 中心省位置，将省中心线延长至底边线（图9-9）。

3. 绘制裙片

（1）自腰围线向下量取 45cm，此处收进，如下图所示。

（2）在底边线处，前后中心线、省中线处、侧缝线，分别向外加放 8cm（图9-10）。

4. 裙片底边调整

分别将每个裙片结构底边画圆顺，在下摆底边两侧分别起翘 1.5cm（图9-11）。

5. 完成裙片轮廓线

在鱼尾下摆侧缝线处向内弧 1cm，并将每一条结构线修正圆滑顺畅（图9-12）。

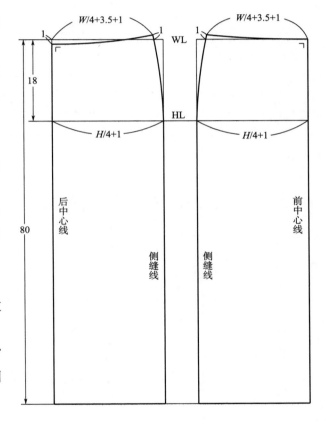

图9-8

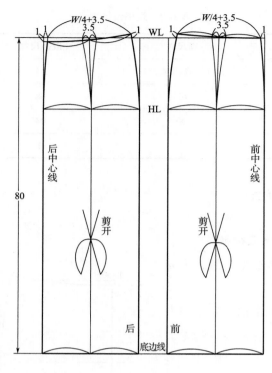

图9-9

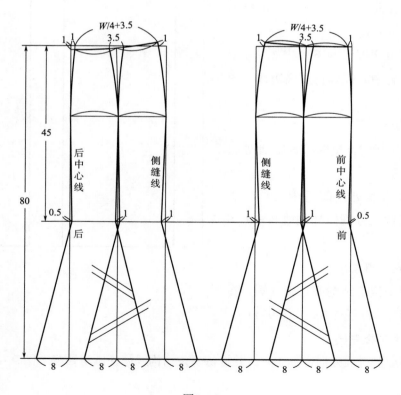

图9-10

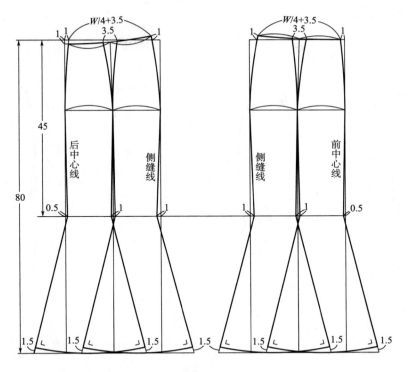

图9-11

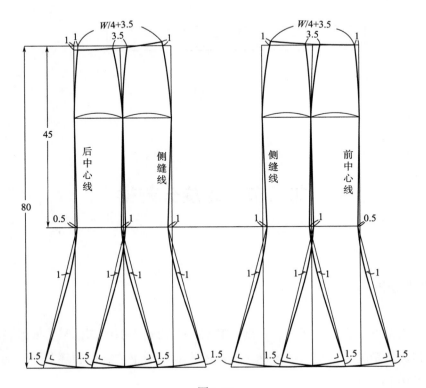

图9-12

四、长鱼尾裙裁片图

净样板加缝份，如图 9-13 所示。

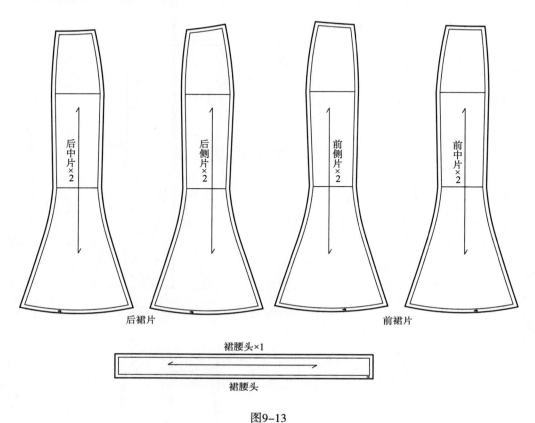

后裙片　　　　　　　前裙片

裙腰头×1

裙腰头

图9-13

第三节　螺旋分割裙

一、款式分析

螺旋分割裙也可称为斜鱼尾裙，长度过膝盖，大约到小腿中部，窄、低腰设计，与正常鱼尾裙结构相比款型的效果更活泼灵动。在结构、制板与工艺制作的环节上，都增加了一定的难度。如图 9-14 所示。

图9-14

二、规格设计

规格设计见表9-3，示例规格160/84A。

表9-3　规格设计表　　　　　　　　　　　　　　　　　单位：cm

部位	净尺寸	成品尺寸	放松量
裙长L（BNP—底边）	72（不含裙腰头）	74	—
腰围W	67	68	—
臀围H	90	94	4
裙腰头高	—	2	—

三、制图步骤与方法

1. **按照尺寸做基础裙原型**

由于螺旋分割，裙原型前、后片尺寸相等即可，不用做出大小片之分（图9-15）。

2. **裙腰位置与鱼尾起点设计**

（1）原型腰线向下平行移动3cm，做低腰处理。

（2）确定鱼尾起点位置，由裙底边向上量取30cm（图9–16）。

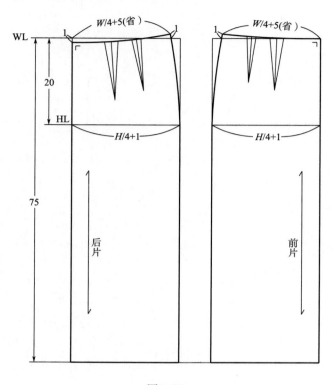

图9–15

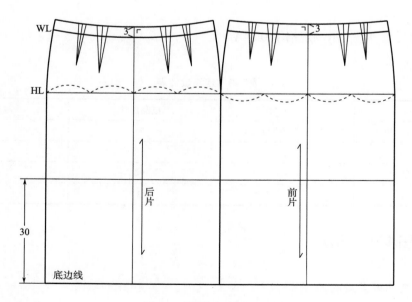

图9–16

3. 确定分割线位置

（1）将前、后臀围线分成四等份，确定斜向分割线的间距宽度。

（2）分割线经过臀围线等分点，确定好适当的斜度，绘制斜向分割基础线，前、后裙片分割成从①～⑧共 8 个裙片（图9-17）。

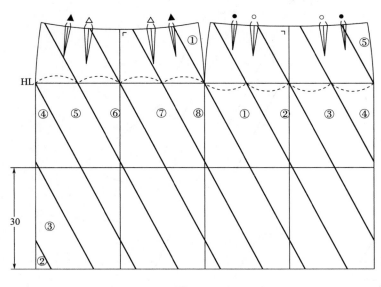

图9-17

4. 绘制分割后的裙片

将腰省量合理地分配于各条斜向分割线处（图9-18）。

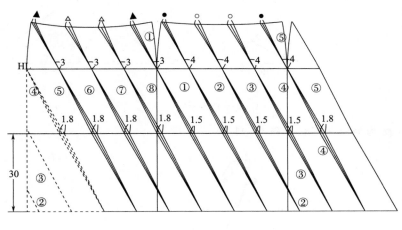

图9-18

5. 画裙腰头（图9-19）

图9-19

6. 裙前片结构加出斜下摆（图 9-20）

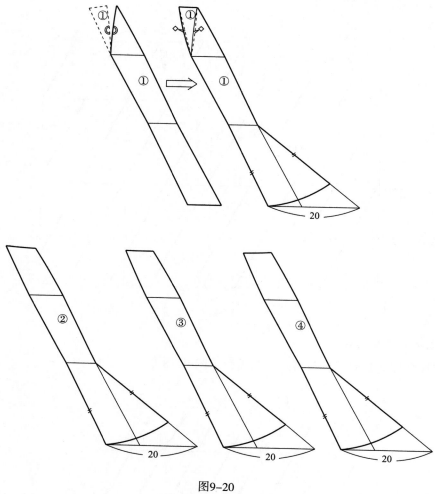

图9-20

7. 裙后片结构加出斜下摆（图 9-21）

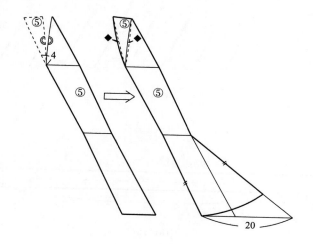

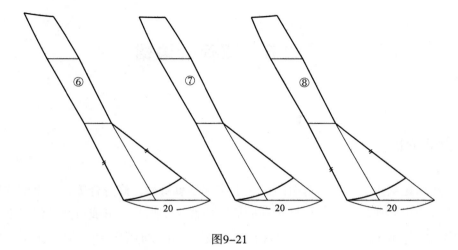

图9-21

四、螺旋分割裙裁片图

裙片螺旋分割裁剪图,如图 9-22 所示。

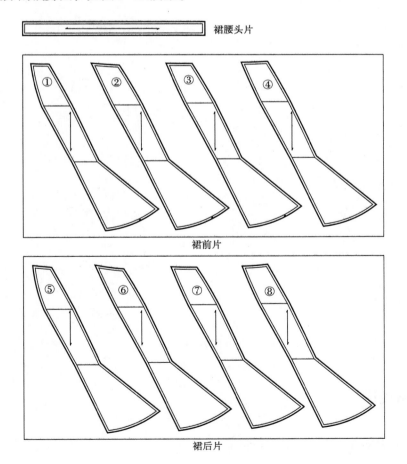

图9-22

第四节　双荷叶边裙

一、款式分析

　　双荷叶边鱼尾裙由上、下两部分组成。上半部是裹身裙，修身合体；下半部的荷叶边为斜丝裁剪，且前中心线较短，并由此逐渐向后中心线渐变加长，形成自然波浪，上口较窄下摆较大，廓型宛如鱼尾形。其是女性参加社交、宴会、活动时常选用的裙装款式，如图 9-23 所示。

图9-23

二、规格设计

　　规格设计见表 9-4，示例规格 160/84A。

表9-4 规格设计表 单位：cm

部位	净尺寸	成品尺寸	放松量
裙长L	—	后裙长110，前裙长68	—
腰围W	67	68	1
臀围H	90	94	4
裙腰头高	—	4	—

三、制图步骤与方法

1. 按照尺寸绘制裙原型，裙长 50cm（图 9-24）

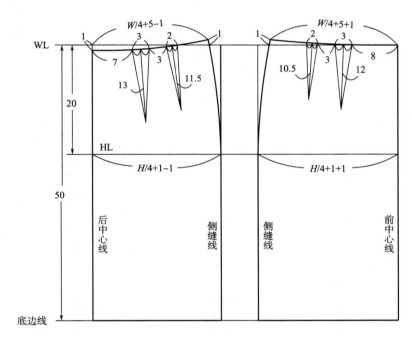

图9-24

2. 绘制上半部窄身裙型

（1）由腰线向下移动 4cm，画出腰头与裙身的分割线。

（2）由底边侧缝线处向里收进 1.5cm（图 9-25）。

3. 绘制裙腰与裙底边曲线

（1）开剪腰线，合并腰头，做出裙腰。

（2）设计裹身裙底边的曲线形状（图 9-26）。

4. 展开前、后裙片

（1）展开前、后裙片。

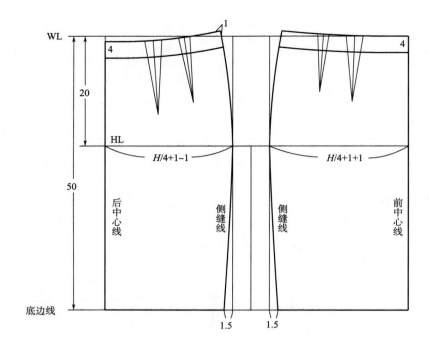

图9-25

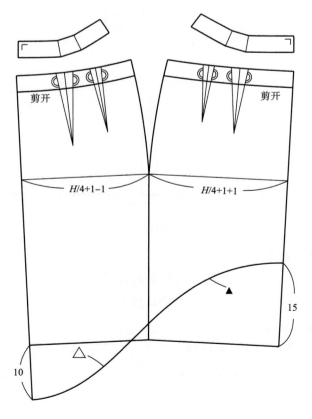

图9-26

（2）量前、后裙片底边长度（图9-27）。

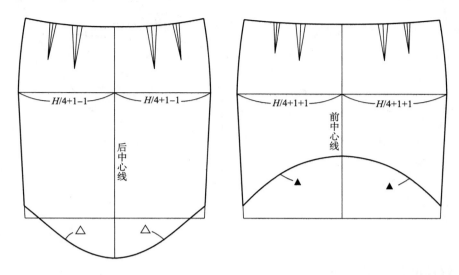

图9-27

5. 绘制上下层荷叶边

（1）如图所示，根据上半部裙底边尺寸，画出前、后裙片荷叶边。这里需要注意的是，前、后荷叶边中心线为45°斜丝。

（2）将荷叶边的前、后片侧缝合并，便于整理荷叶边的轮廓线。

（3）依照图中数据确定上层荷叶边尺寸以及轮廓线（图9-28）。

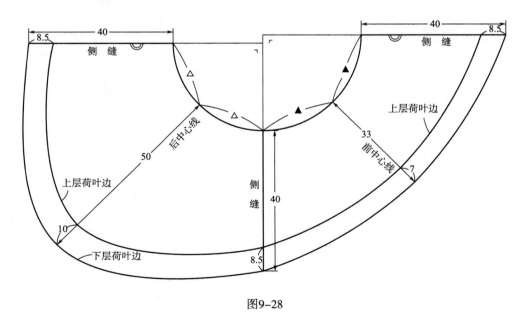

图9-28

6. 上层荷叶边的前、后片

整理出上层荷叶边的前片、后片（图9-29）。

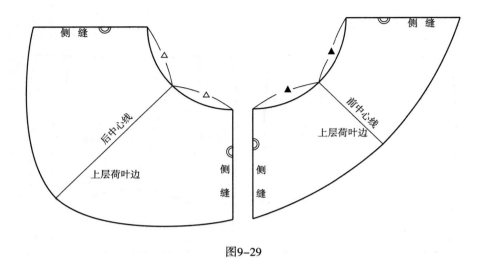

图9-29

四、双荷叶边裙裁片图

净样板放缝份，如图 9-30 所示。

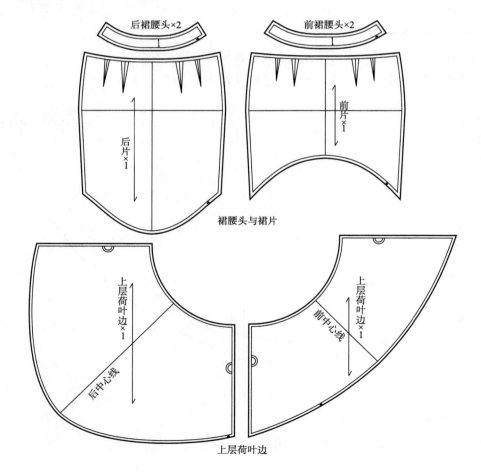

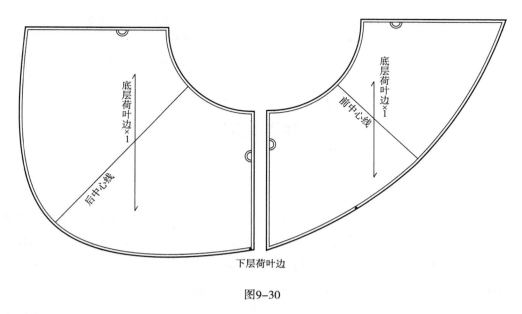

图9-30

思考与练习

请绘制出喇叭裙、长鱼尾裙、螺旋分割裙、双荷叶边裙结构图。

本课程最终大作业

1.请同学们制作一件到两件半身裙成品。

　要求：成品需要挑选适合的面料、精细的做工、造型美观大方。

2.记录从构思、制板、制作过程、出成品的整个过程，制作出一本完整的作品集。

参考文献

［1］三吉满智子．服装造型学·理论篇［M］．郑荣，张浩，韩洁羽，译．北京：中国纺织出版社，2006.

［2］文化服装学院．服装造型讲座②裙子·裤子［M］．张祖芳，等译．上海：东华大学出版社，2011.

［3］张文斌．成衣工艺学［M］．北京：中国纺织出版社，2011.

［4］张文斌．服装结构设计（女装篇）［M］．北京：中国纺织出版社，2017.